国家林业和草原局普通高等教育“十四五”重点规划教材

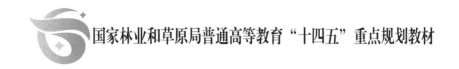

食品生物化学实验

（第2版）

姜毓君　邵美丽　主编

中国林業出版社

内容简介

《食品生物化学实验》(第2版) 共9章，内容设置与配套出版的理论教材相一致，不仅涉及糖类、脂类、蛋白质、核酸、酶、维生素、物质代谢与生物氧化等方面的常规实验，而且配有“酵母蔗糖酶的提取及其性质研究”“植物中原花色素的提取、纯化与测定”等较大型的综合性实验。此外，还设有食品生物化学实验须知及附录（包括实验室安全与防护知识及常用缓冲液的配置等）等相关内容。

本书内容设计全面、结构清晰简洁，可作为高等院校食品科学与工程或生物类相关专业的实验教材，尤其适合选做《食品生物化学》或《生物化学》本科教学的同步实验教材，也可作为相关专业科技工作者的参考用书。

图书在版编目（CIP）数据

食品生物化学实验/姜毓君，邵美丽主编．—2版．—北京：中国林业出版社，2022.6
国家林业和草原局普通高等教育“十四五”重点规划教材
ISBN 978-7-5219-1670-6

Ⅰ.①食… Ⅱ.①姜… ②邵… Ⅲ.①食品化学-生物化学-化学实验-高等学校-教材
Ⅳ.①TS201.2-33

中国版本图书馆CIP数据核字（2022）第076540号

中国林业出版社·教育分社

策划、责任编辑：高红岩　　**责任校对：**苏　梅
电话：83143554　　**传真：**83143516

出版发行　中国林业出版社（100009　北京市西城区刘海胡同7号）
E-mail：jiaocaipublic@163.com
http：//www.forestry.gov.cn/lycb.html
印　　刷　北京中科印刷有限公司
版　　次　2012年8月第1版（共印6次）
2022年6月第2版
印　　次　2022年6月第1次印刷
开　　本　787mm×1092mm　1/16
印　　张　9.5
字　　数　220千字
定　　价　28.00元

《食品生物化学实验》(第2版)
编写人员

主　编　姜毓君　邵美丽
副主编　卞　春　任　静　袁　芳
编　者　(按姓氏拼音顺序)
卞　春　(哈尔滨学院)
姜毓君　(东北农业大学)
穆　盈　(东北农业大学)
任　静　(东北农业大学)
邵美丽　(东北农业大学)
王金玲　(东北林业大学)
王雪飞　(东方学院)
许　倩　(塔里木大学)
许　岩　(东北农业大学)
于智慧　(山西农业大学)
袁　芳　(中国农业大学)
赵洪宇　(白城师范学院
主　审　于国萍　(东北农业大学)

第 2 版前言

《食品生物化学实验》第 1 版于 2012 年出版，至今已有 10 年时间。10 年间，该教材被多所高校作为教材或者参考书用于教学中，且已进行过多次印刷。为了响应“新工科”教育背景下，培养自然科学基础扎实、实践能力强、创新能力强、具有良好工科素养的复合型技术人才的培养目标，也为了持续保持教材的先进性和实用性，编写团队在本书第 1 版内容基础上，进行吐故纳新，实现教材的更新再版。

本书第 1 版共分 8 章，包括糖类、脂类、蛋白质、核酸、酶、维生素、物质代谢与生物氧化及综合实验。第 2 版在此基础上增加了“食品生物化学实验须知”这一章节；拓展了蛋白质相关实验，增加了“Lowry 法和 BCA 法”两种蛋白质检测方法；删减了蛋白质一章中并不常用的“血清蛋白的醋酸纤维薄膜电泳”和维生素一章中与内容匹配度不高的“单宁含量的测定”和“叶绿素含量的测定”。在整体设计上，第 2 版保持了第 1 版的经典理论验证实验和综合实验并存；每个实验包括实验目的、实验原理、试剂与器材、操作步骤及结果处理，同时还附有思考题及注意事项；每一章力求内容系统全面、数据准确无误，同时脉络清晰、语言规范。

本书第 2 版由东北农业大学姜毓君和邵美丽负责全书的统稿和校对工作。其中，姜毓君编写内容简介、实验二、实验三、实验二十九、实验四十一；邵美丽编写实验五、实验二十四、实验二十五、实验四十二；卞春编写实验一、实验十、实验十三、实验二十、实验二十二、实验三十一；任静编写第一章、实验十四、实验十五；袁芳编写实验十八、实验十九、实验三十三、实验三十六、附录；穆莹编写实验八、实验四十；王金玲编写实验九、实验十一、实验二十六；王雪飞编写实验十二、实验十七、实验二十三、实验三十；许倩编写实验四、实验七、实验十六、实验三十四；许岩编写实验三十五、实验三十八；于智慧编写实验二十一、实验二十七、实验三十二、实验三十七；赵洪宇编写实验六、实验二十八、实验三十九。

本书在编写过程中得到东北农业大学于国萍教授的鼎力支持，在此特别致谢，同时感谢东北农业大学教务处和中国林业出版社的大力支持。

本书编者在编写过程中力求严谨和准确，但受学识水平与写作能力所限，书中仍存不妥之处，殷切希望读者批评指正，以使本书日趋完善。

姜毓君

2022. 03. 08

第 1 版前言

《食品生物化学》是食品、生物工程与技术、医药和农业等专业的重要基础课，不仅具有较强的理论性，而且具有一定的实践性。只有扎实地掌握系统的基础知识、熟练的实验操作技能，才能在相应的专业技术领域真正地有所造诣和建树。目前已出版的生物化学实验教材种类繁多，但大多都是针对各自专业范围而进行编排的，实验内容不够全面、丰富。作为生物化学在食品行业中应用形成的分支食品生物化学，有其自己独特的方面。正是基于以上考虑，我们联合多所院校，结合各校开设实验的实际情况，有了出版本书的意愿。

本书共分 8 章，包括糖类、脂类、蛋白质、核酸、酶类、维生素与色素、物质代谢和生物氧化等 43 个实验，其内容涉及食品生物化学实验的各个方面，既有经典的基本理论验证实验，又有近年广泛应用的各种凝胶电泳、凝胶过滤、核酸提取、纯化、鉴定等实验，更有把物质提取、性质研究，纯化、测定等融合在一起编写的综合实验内容，还有对实验室安全与防护知识、常用试剂和溶液的配制以及常用数据列表等内容的介绍。每一章力求内容系统全面、数据准确无误，同时脉络清晰、语言规范。每个实验包括目的要求、实验原理、试剂与器材、操作步骤及结果处理等部分，同时还附有思考题及注意事项，以期使用者能够掌握实验的背景和原理，在做实验的同时使自己的专业理论水平真正得到提高。因此，本书可以作为一本实用的食品生物化学实验手册使用。

本书实验内容较多，并且还包括较大型的综合实验，其目的是供各个院校根据各自实验室条件选做不同实验，不同专业也有自己的选择余地。

本书可作为高等院校食品科学、发酵工程、动物科学、动物医学、卫生检验、生物技术、化学工程、环境保护等专业的教材，也可供相关专业的学生、教师和科技工作者参考。

本书由东北农业大学于国萍负责全书的统稿工作，并编写内容简介、前言及实验二、二十九和四十二（Ⅰ~Ⅳ）；中国农业大学袁芳编写实验十六、十七、三十三、三十五及附录；东北农业大学邵美丽编写实验二十四、二十五、二十八和四十三（Ⅰ~Ⅲ）；哈尔滨学院蒋丽萍编写实验一、十、十三、十八、二十二和三十一；东北林业大学王金玲编写实验九、十一、二十一和三十八；东方学院王雪飞编写实验十五、十二、二十三和三十；东北农业大学许岩编写实验三十七和四十；塔里木大学许倩编写实验四、七、十四和三十二；延边大学徐红艳编写实验三、五、六、三十七和四十一；山西农业大学贾丽艳编写实验二十、二十六、二十七和三十六；东北农业大学穆莹编写实验八、十九和三十九。哈尔滨商业大学马永强教授对本书进行认真审阅，并提出宝贵意见，在此特致谢意。

虽然编者在本次编写过程中力求严谨和正确，但限于学识水平与能力，书中不足乃至错误仍属难免，殷切希望读者批评指正，以使本书日趋完善。

于国萍

2012.03.08

目　录

第一章　食品生物化学实验须知

第一节　生物化学实验规则与要求

食品生物化学实验的目的是加深与巩固食品生物化学的理论知识，掌握生物化学的基本实验操作技能，为今后分析、研究食品原料、半成品、成品及加工过程中的相关分析检测等问题奠定基础。为了能够提高课堂效率，获得较好的实验结果，避免发生差错与意外事故，同时也为了培养实事求是、严肃认真的科学态度及勤俭节约、爱护公物的良好作风，特制定以下实验室规则与要求，希望实验者能严格遵守。

①每个同学都应该自觉遵守课堂纪律，维护课堂秩序，不迟到、不早退、不喧哗、不打闹。

②实验前必须认真预习，了解实验的具体内容，熟悉实验目的、原理及操作步骤，懂得每个操作步骤的意义，了解所用仪器的使用方法。

③实验过程中听从教师指导，严格按照实验步骤进行规范操作，及时、准确地记录和保存好实验所得的原始数据。实验结束，任课教师针对学生的原始数据进行签字确认，然后学生将所用玻璃仪器清洗干净，实验台面擦拭干净、摆放整齐，经验收合格后，方可离开实验室。

④对于实验试剂，使用完毕应立即盖严放回原处，保持药品和试剂的纯净，严防混杂污染。同时注意节约试剂，勿使试剂、药品洒在实验台面和地上。

⑤对于仪器设备，尤其是贵重精密仪器的使用，一定要严格遵守操作规程。一旦发现故障，立即报告教师，并认真填写损坏仪器登记表，不得擅自动手检修。此外，对于实验过程中易碎品的使用和清洗，一定要格外小心谨慎，避免不必要的浪费。

⑥实验室内一切物品，未经教师批准，严禁带出室外，借物必须办理登记手续。

⑦实验室内严禁吸烟！加热用的电磁炉应随用随关，严格做到人在炉火在、人走炉火关。乙醇、丙酮、乙醚等易燃品不能直接加热，并要远离火源操作和放置。实验完毕，应立即关闭需要关闭的电源和水龙头，严防发生安全事故。

⑧舍弃物必须依照其性质做适当处理。不会堵塞下水管道的废液可倒入水槽内，同时放水冲走；强酸、强碱溶液必须先用水稀释后，方可倒入水槽中，并以大量水冲走；所有固体舍弃物(如用过的滤纸、损坏的软木塞及橡皮物、玻璃碴、火柴梗等)，必须放入废物筒或篓中，切勿丢于水槽中；实验完成后的沉淀或混合物，若含有可提取或收回的贵重物品，不可随意舍弃，应放入指定的回收器中。

⑨每次实验课由班长或课代表负责安排值日生。值日生的职责是负责当天实验室的卫生、安全和一切服务性的工作。

第二节　食品生物化学实验的基本操作

食品生物化学实验的基本操作包括常用玻璃仪器的清洗、常规仪器的使用及常规实验操作等。通过该部分内容的学习，有助于提高学生在实验操作过程中的科学性和规范性，降低实验结果的影响因素，减少实验结果的误差，确保实验安全性，避免发生意外事故。

一、常用玻璃仪器的洗涤

食品生物化学实验常用的玻璃仪器包括试管、烧杯、锥形瓶等一般玻璃仪器和吸量管、滴定管、量瓶等定量玻璃仪器。新购买的玻璃仪器、使用过的玻璃仪器及不便刷洗的玻璃仪器的洗涤方式不尽相同。

新购买的玻璃仪器用自来水冲洗去除表面的泥污，然后用洗衣粉或洗涤灵刷洗，再用自来水冲净，浸泡在1%~2%盐酸溶液中过夜以除去玻璃表面的碱性物质。用自来水冲净至玻璃仪器内外壁都不带有水珠，然后用蒸馏水冲洗2~3次，倒置在清洁处晾干。

使用过的玻璃仪器先用自来水冲洗至无污物，然后将所有待洗的玻璃仪器放在含有洗衣粉或洗涤灵的温水中细心刷洗(特别是内壁)后，用自来水充分冲洗容器，直至内外壁光洁不挂水珠为止，最后用蒸馏水冲洗2~3次，倒置在清洁处晾干。

不便刷洗的仪器(如吸管)或比较脏的器皿可先用软纸或者有机溶剂(如苯、煤油等)擦去可能存在的凡士林或其他油污，用自来水冲洗后晾干。然后放入重铬酸钾-硫酸洗液中浸泡4~6h(或过夜)。取出后，用自来水反复冲洗除去痕量的洗液，直至内外壁光洁不挂水珠为止。最后用蒸馏水冲洗2~3次，晾干备用。

重铬酸钾-硫酸洗液两种常用的配制方法如下：

①取100mL工业浓硫酸置于烧杯内，小心加热，然后慢慢加入5g重铬酸钾粉末，边加边搅拌，待全部溶解并缓慢冷却后，贮存在有玻璃塞的细口瓶内。

②称取5g重铬酸钾粉末，置于250mL烧杯中，加5mL水使其溶解，然后慢慢加入100mL浓硫酸(小心，浓硫酸遇水放热)，冷却后，装瓶备用。

该洗液具有强腐蚀性，配制和使用时要极其谨慎。且该洗液可反复使用，直至洗液由红棕色变为绿色或过于稀释则不宜再用。

另外，急用的普通玻璃仪器可在烘箱内烘干，但定量的玻璃仪器不能加热烘干，一般采取晾干或依次用少量乙醇、乙醚清洗后，再用温热的气流吹干。

二、常用仪器的使用及注意事项

1. 移液管

常见的移液管有两种：一种用作移取非整数量的试液(图1-1)，另一种用作移取整数量的试液(图1-2)。

用作移取非整数量试液的移液管又分刻度到尖端和刻度不到尖端的两种。如刻度到管尖的，通常在管壁上标有“吹”字，放液时必须在溶液流完后，吹出残留于吸管尖端的试液。常见规格有0.5mL、1mL、2mL、5mL、10mL等数种。通常将管身标明的总容量分刻度为 100 等分。

用作移取整数量试液的移液管中间膨大，管壁只有一条总量标线，准确度较高。操作时在放出试液后，移液管尖端在容器内壁上仍要停留 10～15s。常见规格有 1mL、2mL、5mL、10mL、25mL 和 50mL 等数种。

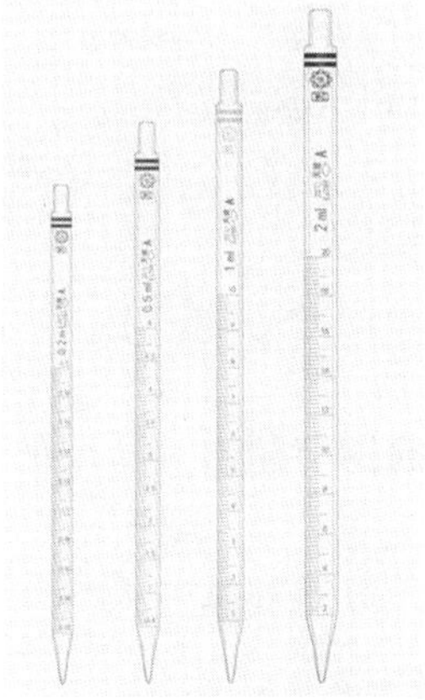

图 1－1　移取非整数量试液的移液管

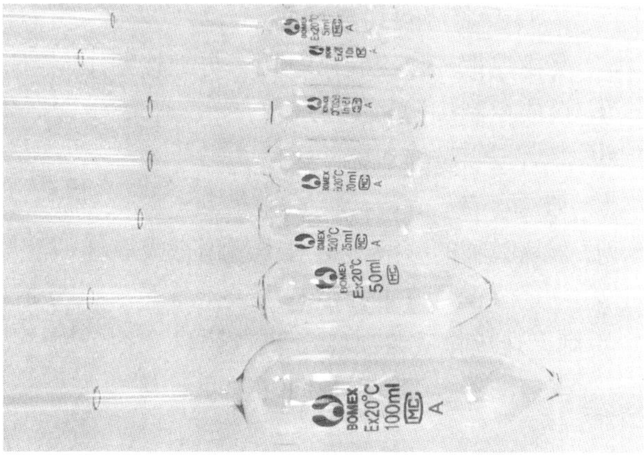

图 1－2　移取整数量试液的移液管

以上两种移液管的使用方法如下：用右手拇指和中指夹住吸管标线以上部分，将管尖插入所要移取的试液液面下约 1cm 处。左手持洗耳球，对准吸管上口，慢慢吸取溶液到刻度以上，立即以右手食指紧按吸管的上口。抽出吸管，用滤纸拭干管尖外壁，将管尖靠在试剂瓶颈内壁，右手食指稍做放松，垂直缓慢地将多吸的液体放出至液面的弯月面与标线相切时为止。立即用食指按紧，拿出吸管，垂直地移入准备好的容器中，使管尖与容器内壁接触，让试液自然流出。

2. 移液器

移液器(图 1－3)是精确量取微量液体的小件精密仪器，移液器能否正确使用，直接关系到实验的准确性，同时关系到移液器的使用寿命，下面以在一定范围内连续可调的移液器为例说明移液器的使用方法。

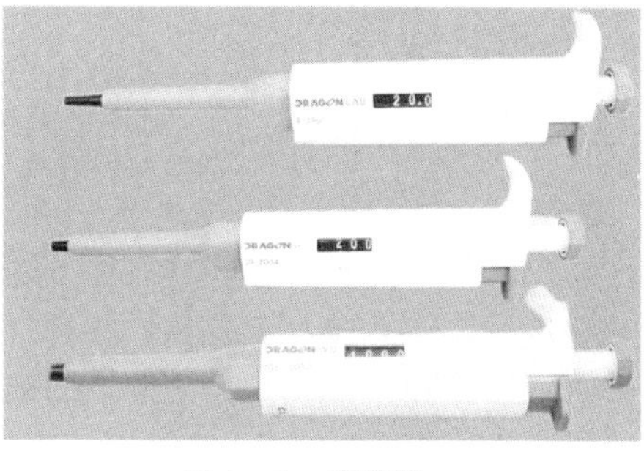

图 1－3　移液器

移液器由连续可调的机械装置和可替换的吸头组成，不同型号移液器吸头有所不同，实验室常用的移液器根据最大量程有 2μL、10μL、20μL、50μL、200μL、1mL、5mL 等不同规格。

(1)基本原理　依靠活塞的上下移动。活塞移动的距离由调节轮控制螺杆机构来实现，推动按钮带动推杆使活塞向下移动，排出活塞腔内的气体。松手后，活塞在复位弹簧的作用下回复其原位，完成一次吸液过程。

(2)使用方法

① 根据实验需要选用正确量程的移液器。

② 将移液器装上吸头(不同规格的移液器用不同的吸头)。

③ 将移液器按钮轻轻压至第一档。

④ 垂直握持移液器，使吸嘴浸入上样液面下几毫米，千万不要将吸嘴直接插到液体底部。

⑤ 缓慢、平稳地松开控制按钮，吸上样液。如按钮松开太快，会导致液体倒吸入移液器内部，或吸入体积减少。

⑥ 等1s后将吸嘴提离液面。

⑦ 平稳地把按钮压到第一档，再把按钮压至第二档以排出剩余液体。

⑧ 慢放控制按钮。

⑨ 然后按吸嘴弹射器除去吸头。

(3)注意事项

① 未装吸嘴的移液器绝对不可用来吸取任何液体。

② 一定要在允许量程范围内设定容量，千万不要将读数的调节超出其适用的刻度范围，否则会造成移液器损坏。

③ 当移液器吸嘴有液体时切勿将移液器水平或倒置放置，以防液体流入活塞室腐蚀移液器活塞。

④ 不要用大量程的移液器移取小体积样品，以免影响准确度。

⑤ 移液器在每次实验后应将刻度调至最大，使弹簧处于松弛状态以保护弹簧，延长移液器使用寿命。

⑥ 使用时要检查是否有漏液现象，方法是吸取液体后悬空垂直放置几秒，看看液面是否下降。

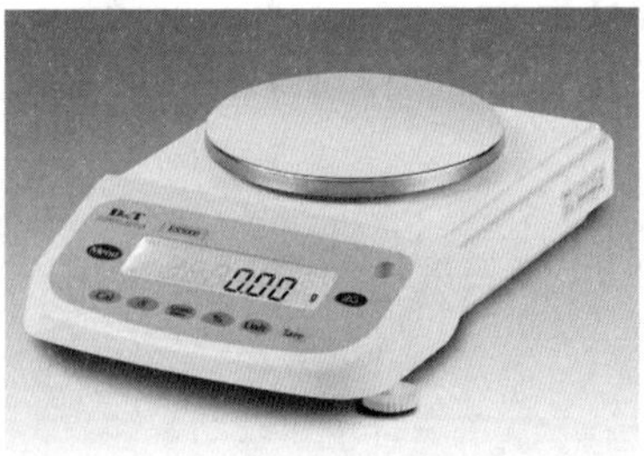

图1-4 电子天平

3. 电子天平

(1)水平调节　调节电子天平(图1-4)地脚螺栓高度，使水平仪内气泡位于圆环中央。

(2)开启显示器　按电源开关进行自检，约2s后，显示屏出现0.000 0g或0.00g。

(3)预热　接通电源，至少预热30min。

(4)称量　放上称量纸，按TARE键(左右均可)，清零后，放置样品，天平显示样品质量。

(5)关闭　称量结束后，若较短时间内还使用天平(或其他人还使用天平)，一般不用按OFF键关闭显示器。实验全部结束后，关闭显示器，切断电源，若短时间内(如2h内)还使用天平，可不必切断电源，再用时可省去预热时间。

(6)校准　天平安装后，第一次使用前，应对天平进行校准。因存放时间较长、位置移动、环境变化或未获得精确测量，天平在使用前一般都应进行校准操作。天平多采用外校准(有的电子天平具有内校准功能)，由TARE键清零及CAL键、100g校准砝码完成。

4. 离心机

(1)使用方法

① 取出离心机(图1-5)的全部套管，在无负荷条件下，开动离心机(3 000r/min)，检查转动是否平稳。

② 检查套管与离心管大小是否相配，套管底是否铺好软垫，套管底部有无碎玻璃片

或漏孔(如有则取出或用蜡封孔)。

③ 检查合格后，将盛有离心液的离心管 2 支分别放入离心套管中，然后在天平上进行平衡，对较轻一侧可用滴管往离心管与外套管之间缝隙加水，直至两侧重量相等为止。

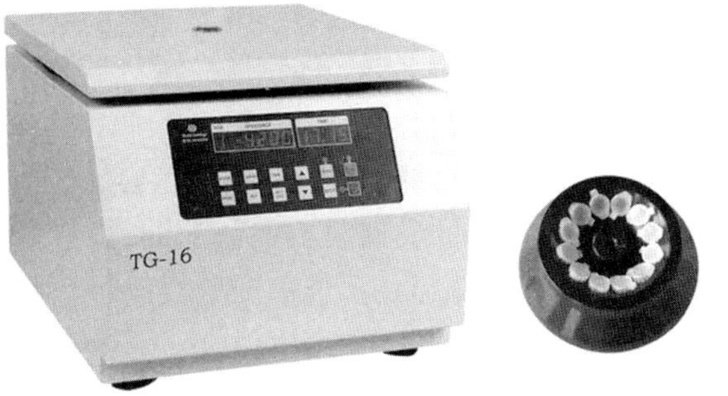

图 1-5　离心机

④ 将已平衡的一对离心套管(连同其内容物)对称地放入离心机的插孔中。不用的套管取出，盖上机盖，开动离心机。扭动旋钮时，须逐步增加转速，直至所需标准。离心完毕，将转速旋钮逐步扭回至零。待离心机自动停稳(不可用手按压)后，取出离心管。

(2)注意事项

① 离心机要放在平坦和结实的地面或实验台上，不允许倾斜。

② 离心机应接地线，以确保安全。

③ 锁上后方可启动离心机。

④ 离心机启动后，如有不正常的噪声及振动时，可能离心管破碎或相对位置上的两管重量不平衡，应立即关机处理。

⑤ 安全、正确地使用离心机，关键在于做好离心前的平衡。

⑥ 机器在转动时，严禁开盖。

图 1-6　酸度计

5. 酸度计

(1)使用方法

① 打开酸度计(图 1-6)的电源开关，预热 30min。

② 取出电极，洗净、吸干，放入标准缓冲液中，摇匀，待读数稳定后，显示值为所测标准缓冲液 pH 值。

③ 取出电极，洗净、吸干，放入另一标准缓冲液中，摇匀，待读数稳定后，显示值为所测标准缓冲液 pH 值。

④ 取出电极，洗净、吸干。重复校正，直到两标准溶液的测量值与标准 pH 值基本相符为止。

⑤ 校正过程结束后，进入测量状态。将电极放入盛有待测溶液的烧杯中，轻轻摇匀，待读数稳定后，记录读数。

⑥ 完成测试后，移走溶液，用蒸馏水冲洗电极，吸干，放在保存液里，关闭电源，结束实验。

(2)注意事项

① 将电极上多余的水珠吸干或用被测溶液冲洗 2 次，然后将电极浸入被测溶液中，并轻轻转动或摇动小烧杯，使溶液均匀接触电极。

② 被测溶液的温度应与标准缓冲液的温度相同。

③ 防止仪器与潮湿气体接触。潮气的侵入会降低仪器的绝缘性，使其灵敏度、精密度、稳定性都降低。

④ 玻璃电极小球的玻璃膜极薄，容易破损，切忌与硬物接触。

⑤ 玻璃电极的玻璃膜不要沾上油污，如不慎沾有油污可先用四氯化碳或乙醚冲洗，再用乙醇冲洗，最后用蒸馏水洗净。

⑥ 甘汞电极的氯化钾溶液中不允许有气泡存在，其中有极少结晶，以保持饱和状态。如结晶过多，毛细孔堵塞，最好重新灌入新的饱和氯化钾溶液。

6. 分光光度计

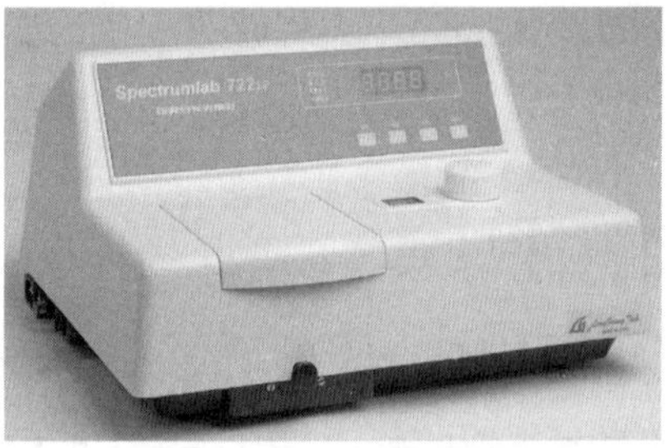

图1-7　722型分光光度计

722型分光光度计(图1-7)能在可见光谱区域对样品物质做定量分析，是较常用的一种分光光度计。

(1)使用方法

① 将灵敏度旋钮调整“1”档(放大倍率最小)。

② 打开电源，指示灯亮，选择开关置于“T”，选择所需波长，仪器预热20min。

③ 打开比色皿盖子，调节“0”旋钮，使数字显示“0.00”。

④ 盖上比色室盖子，将参比溶液比色皿置于光路，调节“T”“100%”旋钮，使数字显示“100.0”(如果显示不到100%，可适当增加灵敏度的档数，同时应重复③，调整仪器的“0.00”)。

⑤ 按③~④连续几次调整“0”和“100”，仪器即可进行测定工作。

⑥ 吸光度的测定：将选择开关置于“A”，调节吸光度调节旋钮，使数字显示为“0.00”，然后依次将被测样品移入光路，显示值即为被测样品的吸光度值。

⑦ 浓度的测量：选择开关由“A”旋至“C”，将已标定浓度的样品放入光路，调节浓度旋钮，使数字显示为标定值；将被测样品移入光路，显示值即为被测样品的浓度。

⑧ 比色完毕，将选择开关置于“T”，打开盖，取出比色皿，倒出液体，洗净比色皿，关掉电源。

⑨ 每台仪器所配套的比色皿不能与其他仪器上的比色皿单个调换。

⑩ 如果大幅度改变测试波长时，需等数分钟才能正常工作(因波长由长波向短波或短波向长波移动时，光能量变化急剧，光电管受光后响应缓慢，需一段光响应平衡时间)。

(2)注意事项

① 务必保持比色皿透光面的清洁。不要用手摸比色皿的光滑面，更不要用毛刷刷洗比色皿，以免影响读数的准确性。

② 用脏的比色皿可浸泡在肥皂水中，再用自来水和蒸馏水冲洗干净。倒置晾干备用。

③ 比色皿外边沾有水或待测溶液时，可先用滤纸吸干，再用镜头纸擦拭干净。

④ 把比色皿放入比色皿架时，要注意尽量使它们的位置前后一致。

⑤ 测定时应尽量使被测溶液的光吸收值在仪器正常范围内。

⑥ 使用的比色皿必须洁净，并注意配对使用。

⑦ 取比色皿时，手指应拿毛玻璃面的两侧，装盛样品以池体的4/5为度，使用挥发性溶液时应加盖，透光面要用擦镜纸由上而下擦拭干净，检视应无溶剂残留。比色皿放入样品室时应注意方向相同。用后用溶剂或水冲洗干净，晾干防尘保存。

7. 稳压稳流电泳仪

以DYY-Ⅲ-7型电泳仪(图1-8)为例，介绍其使用方法及注意事项。

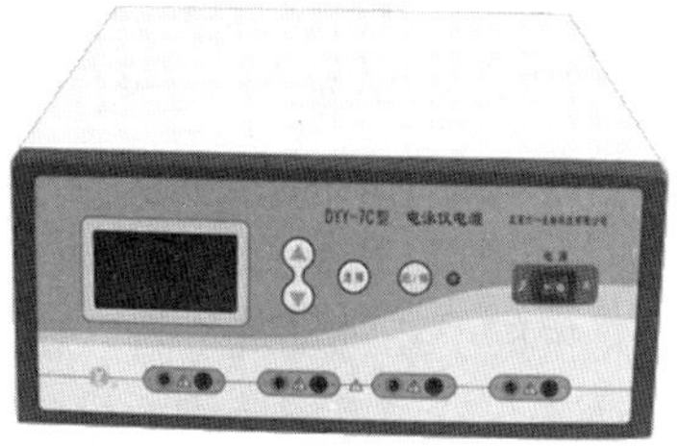

图1-8 DYY-Ⅲ-7型电泳仪

(1)使用方法

① 首先确定仪器电源开关应处于关闭状态。

② 连接电源线，确定电源插座是否有接地保护。

③ 将黑红两种颜色的电极线对应插入仪器输出插口，并与电泳槽相对应插口连接好(如果发现电极插头与插口之间接触较松，可以用小一字螺丝刀将插头的簧片向外拨一下)。

④ 于电泳槽中放入缓冲液、凝胶、样品。

⑤ 用电压调节旋钮或电流调节旋钮调到所需电压或电流。选择恒压输出，还是恒流输出。如果是恒流输出，则将电流调节为0，将电压调至最大，然后开机，此时恒流灯亮，缓缓调节电流调节旋钮，直到所需电流值。如果是恒压输出，则将电压调为0，将电流调为最大，此时恒压灯亮，缓缓调节电压调节旋钮至所需电压值(电源在任何情况下只能稳定一种参数电压或电流，电压和电流之间的关系符合欧姆定律)。

⑥ 设定电泳时间，电泳开始进行。

⑦ 常用电泳仪一般均有两组并联输出插口，可以同时接两个电泳槽，但要求这两组电流之和不超过仪器的额定电流。此时最好采用稳压输出，以减少两槽之间的相互影响。

⑧ 如发现只有电压显示而电流输出为零，应检查输出端子到电泳槽之间是否短路。

(2)注意事项

① 勿在不接负载(空载)的情况下开启仪器。

② 手不能触摸电压输出端头，以防触电。

③ 仪器不用时，应将电源插头从电源上拔出。

④ 使用过程中发现异常现象，如较大噪声、放电或异常气味，须立即切断电源，进行检修，以免发生意外事故。

⑤ 开机前检查调整旋钮在最小(逆时针旋转)。

三、常规实验操作

1. 溶液混匀方式

配制溶液时，必须充分搅拌或振荡混匀。一般有以下几种混匀方式：

(1)搅拌式混匀 适用于烧杯内溶液的混匀。

① 搅拌使用的玻璃棒必须两头都烧圆滑。

② 搅拌棒的粗细长短，必须与容器的大小和所配制的溶液的多少呈适当比例关系。

③ 搅拌时，尽量使搅拌棒沿着器壁运动，不搅入空气，不使溶液飞溅。

④ 倾入液体时，必须沿器壁缓慢倾入，以免有大量空气混入。倾倒表面张力低的液体(如蛋白质溶液)时，更需缓慢仔细。

⑤ 研磨配制胶体溶液时，要使搅拌棒沿着研钵的一个方向进行，不要来回研磨。

(2)旋转式混匀　适用于锥形瓶、大试管内溶液的混匀。该法混匀溶液时，手握住装有溶液的容器，以手腕、肘或肩作轴旋转容器，而不要上下振荡容器。

(3)翻转式混匀　在容量瓶中混合液体时，应倒持容量瓶摇动，用食指或手心顶住瓶塞，并不时翻转容量瓶。

(4)弹打式混匀　适用于离心管、小试管内溶液的混匀。可由一只手持管的上端，另一只手的手指弹动离心管。也可以用同一手的大拇指和食指持管的上端，用其余3个手指弹动离心管。手指持管的松紧要随着振动的幅度变化。还可以把双手掌心相对合拢，夹住离心管来回搓动。

(5)吹吸混匀　用吸管、滴管或移液器将溶液反复吹吸数次，使溶液混匀。

(6)倾倒混匀　适用于液体量多、内径小的容器中溶液的混匀。主要是用两个容器将溶液来回倾倒数次，达到混匀的目的。

(7)磁力搅拌器混匀　一般用于烧杯内容物的混匀，方法是把装有待混合溶液的烧杯放在磁力搅拌器上，在烧杯内放入磁子，利用电磁力使磁子旋转，达到混匀的目的。

(8)振荡器混匀　利用振荡器使容器中的内容物振荡，即可混匀。

注意在混匀时需防止容器内的液体溅出或被污染，严禁用手指堵塞管口或瓶口振荡混匀。

2. 过滤

(1)原理　利用物质的溶解性差异，将液体和不溶于液体的固体分离出来的一种方法。

过滤是在推动力或者其他外力作用下悬浮液(或含固体颗粒发热气体)中的液体(或气体)透过介质，固体颗粒及其他物质被过滤介质截留，从而使固体及其他物质与液体(或气体)分离的操作。

(2)种类

① 普通过滤：滤纸紧贴漏斗的内壁，边缘低于漏斗口；漏斗内的液面低于滤纸的边缘；漏斗下端的管口紧靠烧杯内壁；用玻璃棒引流时，玻璃棒下端轻靠在三层滤纸的一边，烧杯尖嘴紧靠玻璃棒中部。

② 减压过滤：又称吸滤、抽滤，是利用真空泵或抽气泵将吸滤瓶中的空气抽走而产生负压，使过滤速度加快。减压过滤装置由真空泵、布氏漏斗、吸滤瓶组成。

循环水式真空泵采用射流技术产生负压，以循环水作为工作流体，是新型的真空抽气泵。它的优点是使用方便，节约用水。面板上有开关、指示灯、真空度指示表、真空吸头Ⅰ和Ⅱ(可供两套过滤装置使用)。后板上有进出水的下口、上口，循环冷凝水的进水、出水。

使用前，先打开台面加水，或将进水管与水龙头连接，加水至进水管上口的下沿，真空吸头处装上橡皮管。将橡皮管连接到吸滤瓶支管上，打开开关，指示灯亮，真空泵开始工作。过滤结束时，先缓慢拔掉吸滤瓶上的橡皮管，再关开关，以防倒吸。更换循环水时，用虹吸法吸出循环水。

③ 保温过滤：

● 热过滤用漏斗(热漏斗)法：将短颈玻璃漏斗放置于铜制的热漏斗内，热漏斗内装有热水以维持溶液的温度。内部的玻璃漏斗的颈部要尽量短些，以免过滤时溶液在漏斗颈内停留过久，散热降温，析出晶体使装置堵塞。

● 无颈漏斗蒸汽加热法：取无颈漏斗(普通玻璃漏斗除去漏斗颈)置于水浴装置上方用蒸汽加热，然后进行过滤。较热漏斗法简单易行。

(3)注意事项　收集滤液时应选用干滤纸，不应将滤纸先用水弄湿，因为湿滤纸将影响滤液的稀释比例。收集沉淀时，如需用有机溶液洗涤沉淀，也不能用水将滤纸湿润。较粗的过滤可用脱脂棉或纱布代替滤纸。当沉淀黏稠、沉淀颗粒过小或者与滤纸发生反应而无法过滤时，则需选用离心法。

3. 离心

(1)原理　利用离心机转动的离心力，使密度较大的沉淀物沉积在离心管底部，以达到分离的目的。其上层的液体称为上清液。

(2)种类　离心机根据转速分为：

① 常速离心机(≤3 500r/min)：一般为600~1 200r/min，这种离心机的转速较低，直径较大。

② 高速离心机(3 500~50 000r/min)：转速较高，一般转鼓直径较小，而长度较长。

③ 超高速离心机(>50 000r/min)：由于转速很高，所以转鼓做成细长管式。

离心机根据温度分为：

① 常温离心机：这种离心机的离心腔内温度为常温即可，根据悬浮液(或乳浊液)中固体颗粒的大小和浓度、固体与液体(或两种液体)的密度差、液体黏度、滤渣(或沉渣)的特性，以及分离的要求等进行综合分析，满足对滤渣(沉渣)含湿量和滤液(分离液)澄清度的要求，初步选择采用哪一类常温离心机。然后按处理量和对操作的自动化要求，确定常温离心机的类型和规格，最后经实际实验验证。

② 冷冻离心机：这种离心机的离心腔内温度可降至0℃以下，多用于收集微生物、细胞碎片、细胞、大的细胞器、硫酸沉淀物以及免疫沉淀物等，常见于各类生化实验室。

第三节　食品生物化学实验报告撰写要求

实验报告撰写是培养学生严谨的科学态度、规范的书面表达的重要手段之一。按照实验内容可分为定性实验和定量实验两大类。实验报告包括实验标题、实验目的、实验原理、实验材料、实验步骤、实验数据和结果(定量测定)及分析讨论7项内容。

1. 实验标题

应包括实验名称、实验时间、实验者及同组人员姓名。

2. 实验目的

阐述通过实验想要解决的问题及想要达到的目的。

3. 实验原理

实验原理简明扼要，可以不完全照抄实验书，涉及的反应过程可用化学反应式表示。

4. 实验材料

准确表述实验中使用的仪器种类、型号及试剂种类和浓度。

5. 实验步骤

此项内容无需完全照搬实验书，可适当采用列举式、流程图式或自行设计表格等方式进行简化，但整个操作流程必须清晰完整，且关键步骤必须表述清楚。

6. 实验结果

记录实验过程中的实验现象及所得的原始数据，进行整理、归纳、计算及分析，得出最终实验结果。具体如下：

（1）实验记录　仔细如实地记录实验条件下观察到的实验现象及所得的每个实验数据。要求做到准确、简练、详尽、清楚。不要擦抹和涂改，写错时可以划去重写。记录时必须使用钢笔和圆珠笔。在定量实验中观测的数据，如称量试材样品的质量、滴定管的读数、分光光度计的读数等，都应设计一定的表格准确记下正确的读数，并根据仪器的精确度准确记录有效数字。每一个结果最少要重复观测2次以上，当符合实验要求并确知仪器工作正常后再写在记录本上。实验记录上的每一个数字，都是反映每一次的测量结果，所以，重复观测时即使数据完全相同也应如实记录下来。如果发现记录的结果有怀疑、遗漏或丢失等，需要重做实验。培养一丝不苟、认真严谨的科学态度。

（2）数据处理　将一定实验条件下获得的实验结果和数据进行整理、归纳、分析和对比，并尽量总结成各种图表（原始数据及其处理的表格、标准曲线图以及实验组与对照组实验结果的比较图表等）。对于定量测定的实验结果，要依据原始计算公式进行相应的代入计算，计算结果要注意单位及有效数字的保留要求等。

7. 分析与讨论

该部分不是简单重述实验结果，而是对比、分析实验结果的准确性及有效性，针对出现的结果偏差进行分析、探讨。此外，对实验设计、实验操作、实验方法等方面的认识、体会和建议等也均可在此部分进行表达。此部分很重要，是实验到认识的升华，是学生分析问题、归纳问题，从而解决问题，提高科学实验兴趣的重要手段和过程。

最后，要求学生在撰写实验报告时，字迹端正，条理清晰，数据完整，结果可信，分析准确，讨论深入。

第二章　糖　类

实验一　糖的颜色反应和还原性的鉴定

一、实验目的

1. 掌握某些糖的颜色反应原理，学习应用糖的颜色反应鉴别糖类的方法。

2. 学习几种常用的鉴定糖类还原性的方法及其原理。

二、实验原理

1. 颜色反应

(1)α-萘酚反应(Molisch 反应)　糖在浓无机酸(硫酸、盐酸)作用下，脱水生成糠醛及糠醛衍生物，后者能与α-萘酚生成紫红色物质。因糠醛及糠醛衍生物对此反应均呈阳性，故此反应不是糖类的特异反应。

(2)间苯二酚反应(Seliwanoff 反应)　在酸作用下，酮糖脱水生成羟甲基糠醛，后者再与间苯二酚作用生成红色物质。此反应是酮糖的特异反应。醛糖在同样条件下呈色反应缓慢，只有在糖浓度较高或煮沸时间较长时，才呈微弱的阳性反应。在实验条件下，蔗糖有可能水解而呈阳性反应。

2. 还原反应

斐林试剂和班氏试剂均为含 Cu^{2+} 的碱性溶液，能使具有自由醛基或酮基的糖氧化，其本身则被还原成红色或黄色的 Cu_2O，此法常用作还原糖的定性或定量测定。

三、试剂与器材

1. 仪器

水浴锅，试管，试管架，滴管，竹试管夹，电炉。

2. 材料

棉花或滤纸。

3. 试剂

(1)浓硫酸。

(2)1%蔗糖溶液。

(3)1%葡萄糖溶液。

(4)1%淀粉溶液。

(5)1%果糖溶液。

(6)1%麦芽糖溶液。

(7)蒸馏水。

(8)莫氏试剂(5% α-萘酚乙醇溶液) 称取5g α-萘酚，溶于95%乙醇溶液中，总体积达100mL，贮存于棕色瓶内，用前配制。

(9)塞氏试剂(0.05%间苯二酚-盐酸溶液) 称取0.05g间苯二酚溶于30mL浓盐酸中，再用蒸馏水稀释至100mL。

(10)斐林试剂

甲液(硫酸铜溶液)：称取34.5g硫酸铜($CuSO_4 \cdot 5H_2O$)溶于500mL蒸馏水中。

乙液(碱性酒石酸盐溶液)：称取125g NaOH和137g酒石酸钾钠溶于500mL蒸馏水中。

(11)班氏试剂 称取173g柠檬酸钠和100g碳酸钠($Na_2CO_3 \cdot H_2O$)加入600mL蒸馏水中，加热使其溶解，冷却，稀释至850mL。另称取17.4g $CuSO_4$ 溶于100mL热蒸馏水中，冷却，稀释至150mL。最后，将 $CuSO_4$ 溶液徐徐加入柠檬酸钠-碳酸钠溶液中，边加边搅拌，混匀，如有沉淀，过滤后贮存于试剂瓶中可长期使用。

四、操作步骤

1. 颜色反应

(1)α-萘酚反应 取5支试管对应做好标记，分别加入1%葡萄糖溶液、1%果糖溶液、1%蔗糖溶液、1%淀粉溶液各1mL和少量纤维素(滤纸或棉花浸于1mL水中)，然后各加入莫氏试剂2滴，勿使试剂接触试管壁，摇匀后将试管倾斜，沿试管壁慢慢加入1.5mL浓硫酸(切勿振摇)，慢慢立起试管。浓硫酸在试液下形成两层。观察浓硫酸与糖溶液的液面交界处，有无紫红色环出现。

(2)间苯二酚反应 取3支试管，分别加入1%葡萄糖溶液、1%果糖溶液、1%蔗糖溶液各0.5mL。再向各试管分别加入塞氏试剂5mL，混匀。将3支试管同时放入沸水浴中，注意观察，记录各试管颜色的变化及变化时间。

2. 还原反应

于5支试管中分别加入斐林试剂甲液和乙液各1mL，混匀后，分别加入1%葡萄糖溶液、1%蔗糖溶液、1%果糖溶液、1%麦芽糖溶液和1%淀粉溶液各1mL，置沸水浴中加热数分钟，取出，冷却，观察各试管的变化。

另取5支试管，分别加入1%葡萄糖溶液、1%蔗糖溶液、1%果糖溶液、1%麦芽糖溶液和1%淀粉溶液1mL，然后向每支试管各加入班氏试剂2mL，置沸水浴中加热数分钟，取出，冷却，和上面结果进行比较。

五、结果处理

实验结果列于表2-1中。

表 2-1 糖的颜色反应和还原性的鉴定

	1%葡萄糖溶液	1%果糖溶液	1%淀粉溶液	1%蔗糖溶液	1%麦芽糖(或纤维素)溶液
莫氏试剂					
塞氏试剂					
班氏试剂					
斐林试剂					

【注意事项】

1. 取每种糖溶液时，用不同的吸管。
2. 试管中加入各种糖后，做好标记，并按顺序放到水浴锅中。

【思考题】

1. 观察每支试管中物质反应结果是否存在差异？为什么？
2. 结合实验现象，试对班氏试剂法和斐林试剂法进行比较。

实验二　总糖和还原糖的测定——3,5-二硝基水杨酸比色法

一、实验目的

1. 掌握3,5-二硝基水杨酸比色法测定糖的原理和方法。
2. 熟练分光光度计的使用。

二、实验原理

还原糖的测定是糖定量测定的基本方法，还原糖就是指含有自由醛基或酮基的糖类。单糖都是还原糖，寡糖有一部分为还原糖，多糖都是非还原糖。利用不同糖类在水中溶解性不同可以把它们分开，并且可以用酸水解法使寡糖和多糖彻底水解成具有还原性的单糖，再进行测定，这样就可以分别求样品中总糖和还原糖的量。

本实验是利用3,5-二硝基水杨酸与还原糖共热后被还原成棕红色的氨基化合物，在一定浓度范围内，还原糖的量和棕红色物质颜色的深浅程度成一定比例关系，可以用分光光度计进行测定。

三、试剂与器材

1. 仪器

试管，试管架，试管夹，移液管(1mL，5mL，10mL)，水浴锅，容量瓶(100mL)，玻璃漏斗(6cm)，量筒(10mL，100mL)，分光光度计，锥形瓶(250mL)，电子天平(感量0.01g)。

2. 材料

土豆粉。

3. 试剂

(1)3,5-二硝基水杨酸(DNS)试剂　量取6.3g DNS和262mL 2mol/L NaOH溶液加到500mL含有18.2g酒石酸钾钠的热水溶液中，再加5g结晶酚和5g亚硫酸钠，搅拌溶解，冷却后加蒸馏水定容到1 000mL，贮存于棕色瓶中。

(2)1 000μg/mL葡萄糖标准溶液　准确称取1g干燥至恒重的葡萄糖，加少许蒸馏水溶解后再加3mL 12mol/L HCl溶液(防止微生物生长)，以蒸馏水定容至1 000mL。

(3)6mol/L NaOH溶液。

(4)6mol/L HCl溶液。

(5)酚酞指示剂。

四、操作步骤

1. 标准曲线的制作

取6支试管，按表2-2顺序加入各种试剂，得到浓度为200~1 000μg/mL标准葡萄糖溶液。

表2-2 标准曲线的制作

管号	1 000μg/mL 葡萄糖标准溶液/mL	蒸馏水/mL	葡萄糖最终浓度/(μg/mL)
1	0	0.5	0
2	0.1	0.4	200
3	0.2	0.3	400
4	0.3	0.2	600
5	0.4	0.1	800
6	0.5	0	1 000

分别向各试管中加入DNS试剂0.5mL，混合均匀，在沸水浴上加热5min，取出后用冷水冷却，每管再加入4mL蒸馏水稀释，最后用空白管(1号管)溶液调零点，在分光光度计上以540nm波长比色测出光密度(*OD*)值。

以葡萄糖浓度(μg/mL)为横坐标，以*OD*值为纵坐标，绘制葡萄糖的标准曲线。

2. 土豆粉中还原糖和总糖的测定

(1)样品中还原糖的提取　称取0.50g土豆粉于锥形瓶中，先以少量蒸馏水调成糊状，再加50~60mL蒸馏水摇匀后，50℃保温20min，使还原糖浸出，定容到100mL容量瓶，过滤取滤液测还原糖。

(2)样品中总糖的水解和提取　称取0.50g土豆粉于锥形瓶中，加入6mol/L HCl溶液10mL、蒸馏水15mL，于沸水浴加热水解30min，冷却后加入6mol/L NaOH溶液调pH值至中性，并定容至100mL，过滤，取滤液10mL，稀释至100mL，待用。

(3)样品中含糖量的测定　取上述还原糖和总糖的提取液0.5mL，加入DNS试剂0.5mL，混匀，与标准曲线制作同样处理。根据样品所测得的*OD*值，在标准曲线上查出还原糖浓度，并按下式计算出土豆粉中还原糖和总糖的百分含量。

$$\text{还原糖} = \frac{\text{还原糖的微克浓度} \times \text{样品提取液总体积(mL)} \times 10^{-6}}{\text{样品质量(g)}} \times 100\%$$

$$\text{总糖} = \frac{\text{水解后还原糖的微克浓度} \times \text{样品提取液总体积(mL)} \times 10^{-6} \times 0.9}{\text{样品质量(g)}} \times 100\%$$

【思考题】

1. 3,5-二硝基水杨酸(DNS)比色法测定原理是什么？
2. 总糖与还原糖的计算公式是如何推导出来的？

实验三　蔗糖含量的测定

一、实验目的

1. 掌握测定食品中蔗糖含量的原理和方法。

2. 了解测定食品中蔗糖含量的意义。

二、实验原理

蔗糖是由葡萄糖和果糖通过1,2-糖苷键缩合而成的非还原糖，不能用糖试剂直接测定，通常采用酸或酶水解的方法，测定转化糖的含量或水解过程中旋光值的变化，也有采用葡萄糖氧化酶和显色剂的方法。此外，蔗糖还可用气相色谱法和高效液相色谱法测定。

使用显色剂是一种较简便、迅速的方法，常用的显色剂有酚类、蒽酮的芳香族胺等。本实验用间苯二酚作为显色剂，利用蔗糖在强酸加热条件下，可与之形成一种紫红色物质，在分光光度计500nm波长处测其吸光度，即可求出蔗糖含量。

三、试剂与器材

1. 仪器

分光光度计，水浴锅，移液管(1mL，5mL)，比色管(12支)，烧杯(200mL)，研钵(或组织捣碎机)，容量瓶(100mL)，玻璃棒，电子天平，滤纸，漏斗，离心机，刀，温度计。

2. 材料

鲜苹果。

3. 试剂

(1)间苯二酚溶液　称取0.500g间苯二酚，用6mol/L HCl溶液溶解，并定容至500mL。

(2)蔗糖标准溶液(1mg/mL)　精确称取0.250g干燥至恒重的蔗糖，用蒸馏水溶解，并定容至250mL。

(3)10mol/L HCl溶液　将1 000mL 12mol/L HCl溶液加蒸馏水200mL混匀即成。

(4)2mol/L NaOH溶液　称取16.00g NaOH，加蒸馏水溶解，并定容至200mL。

四、操作步骤

1. 标准曲线制作

取7支干燥洁净比色管，编号，按表2-3加入各种试剂。

表 2-3 蔗糖标准曲线的制作

比色管编号	1	2	3	4	5	6	7
蔗糖标准溶液/mL	0	0.1	0.2	0.4	0.6	0.8	1.0
蒸馏水/mL	1	0.9	0.8	0.6	0.4	0.2	0
蔗糖含量/(mg/mL)	0	0.1	0.2	0.4	0.6	0.8	1.0

分别在已加好蔗糖标准溶液和蒸馏水的各比色管中加入 2mol/L NaOH 溶液 0.1mL，混合后在 100℃水浴中加热 10min，取出后立即在冷水中冷却。再加入间苯二酚溶液 1mL 和 3mL 10mol/L HCl 溶液，摇匀后放入 100℃水浴中保温 10min。冷却后在 500nm 波长处测吸光值，以蔗糖含量为横坐标，相对应的吸光度为纵坐标绘制标准曲线。

2. 样品的测定

取 2g 均匀磨碎的鲜苹果样品，用蒸馏水稀释后定容至 100mL，混匀，过滤。取滤液 0.5mL 于比色管中，加蒸馏水至 1.0mL，加入 2mol/L NaOH 溶液 0.1mL，以下操作同标准曲线，在比色前 2 000r/min 离心 5min，根据所测的吸光度在标准曲线上查出样品中蔗糖含量。

五、结果处理

$$样品中蔗糖含量=\frac{查标准曲线所得蔗糖含量(mg/mL)\times 2\times 100mL\times 稀释倍数}{样品质量(g)}\times 100\%$$

【思考题】

1. 实验中为什么要先加 2mol/L NaOH 溶液？
2. 绘制蔗糖标准曲线依据的是什么定律？

实验四　总糖含量的测定——蒽酮比色法

一、实验目的

掌握蒽酮比色法测定总糖含量的原理和方法。

二、实验原理

糖类在浓硫酸作用下脱水生成羟甲基呋喃甲醛，再与蒽酮缩合，络合物呈蓝绿色，其颜色的深浅与可溶性糖含量在一定范围内成正比，因此可利用蒽酮比色法定量。单糖、双糖、糊精、淀粉等均与蒽酮反应，因此，如测定结果中不要包括糊精、淀粉等糖类时，需将其除去后测定。

三、试剂与器材

1. 仪器

分光光度计，水浴锅，抽滤机，具塞比色管，电子天平，量筒(100mL)，移液管(2mL，10mL)。

2. 材料

马铃薯。

3. 试剂

(1)葡萄糖标准溶液　精确称取1.000g干燥至恒重的葡萄糖，用蒸馏水定容至1 000mL；取10mL上述溶液于100mL容量瓶中并用蒸馏水定容，浓度为0.1mg/mL，备用。

(2)72%H_2SO_4溶液　向28mL水中缓缓加入72mL浓硫酸。

(3)蒽酮试剂　称取0.1g蒽酮、1.0g硫脲，溶于100mL 72%H_2SO_4溶液，贮存于棕色瓶中，于0~4℃条件下存放，限当日配制使用。

(4)80%乙醇溶液　向80mL无水乙醇中加入20mL蒸馏水。

四、操作步骤

1. 样品处理

将马铃薯去皮冻干制成马铃薯干粉，称取0.300g马铃薯干粉，加入50mL 80%乙醇溶液，45℃恒温水浴中加热10min，抽滤后，定容滤液至1 000mL备用。

2. 标准曲线的绘制

于8支具塞比色管中分别加入葡萄糖标准溶液0.0mL(空白)、0.2mL、0.4mL、0.6mL、0.8mL、1.0mL、1.2mL(相当于0mg、0.02mg、0.04mg、0.06mg、0.08mg、0.1mg、0.12mg葡萄糖)，并分别加水至2mL。分别沿管壁缓慢加入蒽酮试剂10mL后摇

匀，于沸水浴中加热 10min 后，用冷水迅速冷却至室温，然后放置于暗处 10min。以空白管溶液为参比，在 620nm 波长下测定吸光度(A)，以葡萄糖的毫克数为横坐标，吸光度为纵坐标，绘制标准曲线。

3. 样品的测定

吸取样品处理液 1mL，按标准曲线制作步骤，在相同条件下测定 A 值，用测得的 A 值在标准曲线上即可查得对应的总糖含量。

五、结果处理

每 100g 样品中总糖含量按下式计算：

$$X = \frac{C}{m} \times 100$$

式中：X——每 100g 样品总糖含量(以葡萄糖计)，mg；

C——标准曲线中查得的样品糖含量，mg；

m——测定时比色管中加入的样品质量，g。

【思考题】

1. 配制蒽酮试剂时加入硫脲的作用是什么？
2. 应用蒽酮比色法测得的糖包括哪些类型？

第三章　脂　类

实验五　油脂酸价的测定

一、实验目的

1. 初步掌握测定油脂酸价的原理和方法。
2. 了解测定油脂酸价的意义。

二、实验原理

油脂在空气中暴露过久，部分油脂会被水解产生游离脂肪酸和醛类等物质，某些低分子的游离脂肪酸及醛类都有臭味，这种现象称为酸败。酸败的程度以水解产生的游离脂肪酸为指标，习惯上用酸价来表示。酸价是指中和 1g 油脂中游离脂肪酸所需氢氧化钾的毫克数。同一油脂若酸价高，则说明水解产生的游离脂肪酸就多，油脂的质量也越差。

三、试剂与器材

1. 仪器

锥形瓶(250mL，3 个)，量筒(50mL，1 个)，碱式滴定管(25mL，1 支)，电子天平。

2. 材料

食用植物油。

3. 试剂

(1)乙醇-乙醚混合液(体积比 1∶1)。

(2)0.05mol/L KOH 标准溶液。

(3)2%酚酞-乙醇溶液。

四、操作步骤

(1)准确称取 3~5g 食用植物油于 250mL 锥形瓶中。

(2)加入 50mL 乙醇-乙醚混合液，充分振荡，使油脂完全溶解，未溶可微热，待冷却后再进行实验。

(3)加入 1~2 滴 2%酚酞-乙醇溶液指示剂，立即用 0.05mol/L KOH 标准溶液滴定至溶液呈淡红色(放置 30s 不褪色)为终点，并记录用去的 KOH 溶液的毫升数。

五、结果处理

$$酸价(mg/g) = V \times c \times 56.1 / m$$

式中：V——滴定油样时耗用 KOH 溶液体积，mL；

c——KOH 溶液浓度，mol/L；

m——油样质量，g；

56.1——KOH 的摩尔质量，g/mol。

【注意事项】

1. 在配制的乙醇-乙醚混合液中加入 1～2 滴酚酞指示剂，用 KOH 标准溶液滴定至呈微红以除去脂肪溶剂对滴定结果的影响。

2. 滴定时，KOH 水溶液的用量不宜过多，否则会引起已生成的脂肪酸钾水解，使终点提前。一般规定水：(水+乙醇) < 20%滴定终点时，溶液含乙醇量不少于 40%。

【思考题】

1. 对实验结果进行分析。

2. 防止油脂酸败的方法有哪些？

实验六 油脂过氧化值的测定

一、实验目的

1. 掌握油脂过氧化值的测定方法。
2. 了解油脂过氧化值测定原理及意义。

二、实验原理

食品中含有油脂，它在空气中极易氧化成为有机过氧化物。这些过氧化物在酸性条件下可将碘离子氧化成碘。定量的碘可用标准的硫代硫酸钠来滴定，以过氧化苯甲酸及过氧化苯甲酰为例，反应方程式如下：

$C_6H_5COO_2H+2KI+CH_3COOH \rightarrow I_2+C_6H_3COOK+CH_3COOK+H_2O$

$C_6H_5COO_2C_6H_5+4KI+2CH_3COOH \rightarrow 2I_2+2C_6H_3COOK+2CH_3COOK+H_2O$

油脂的过氧化值(mmol/kg)是以1kg油脂中含氢过氧化物的毫摩尔数表示。

三、试剂与器材

1. 仪器

碘量瓶(250mL)，滴定管(10mL，最小刻度为0.05mL)，滴定管(25mL或50mL，最小刻度为0.1mL)，电子天平(感量0.01mg、1mg)，移液管(1mL)，量筒(50mL)。

2. 材料

食用植物油。

3. 试剂

(1)三氯甲烷-冰乙酸混合液(体积比40：60)　量取40mL三氯甲烷，加60mL冰乙酸，混匀。

(2)饱和KI溶液　称取20g KI，加入10mL新煮沸冷却的水，摇匀后贮存于棕色瓶中，存放于避光处备用。要确保溶液中有饱和KI结晶存在。使用前检查：在30mL三氯甲烷-冰乙酸混合液中添加1.00mL KI饱和溶液和2滴1%淀粉指示剂，若出现蓝色，并需用1滴以上的0.01mol/L硫代硫酸钠溶液才能消除，此KI溶液不能使用，应重新配制。

(3)1%淀粉指示剂　称取0.5g可溶性淀粉，加少量水调成糊状。边搅拌边倒入50mL沸水，再煮沸搅匀后，放冷备用。临用前配制。

(4)0.1mol/L硫代硫酸钠标准溶液　称取26g硫代硫酸钠($Na_2S_2O_3 \cdot 5H_2O$)，加0.2g无水Na_2CO_3，溶于1 000mL水中，缓缓煮沸10min，冷却。放置两周后过滤、标定。

(5)0.01mo1/L硫代硫酸钠标准溶液　由0.1mo1/L硫代硫酸钠标准溶液以新煮沸冷却的水稀释而成。临用前配制。

(6)0.002mo1/L硫代硫酸钠标准溶液　由0.1mo1/L硫代硫酸钠标准溶液以新煮沸冷却的水稀释而成。临用前配制。

四、操作步骤

1. 称重

称取食用植物油试样2~3g(精确至0.001g)，置于250mL碘量瓶中，加入30mL三氯甲烷-冰乙酸混合液，轻轻振摇使试样完全溶解。

2. 振荡

准确加入1.00mL饱和KI溶液，塞紧瓶盖，并轻轻振摇0.5min，在暗处放置3min。

3. 滴定

取出加100mL水，摇匀后立即用硫代硫酸钠标准溶液(过氧化值估计值在0.15g/100g及以下时，用0.002mol/L硫代硫酸钠标准溶液；过氧化值估计值大于0.15g/100g时，用0.01mol/L硫代硫酸钠标准溶液)滴定析出的碘，滴定至淡黄色时，加1mL淀粉指示剂，继续滴定并强烈振摇至溶液蓝色消失为终点。同时进行空白试验。空白试验所消耗0.01mol/L硫代硫酸钠标准溶液体积V_0不得超过0.1mL。

五、结果处理

$$X = \frac{(V_1 - V_2) \times c \times 0.1269}{m} \times 100$$

式中：X——样品过氧化值，g/100g；

V_1——样品消耗硫代硫酸钠标准溶液的体积，mL；

V_2——试剂空白消耗硫代硫酸钠标准溶液的体积，mL；

c——硫代硫酸钠标准溶液的物质的量的浓度；

0.126 9——1mL 1mol/L硫代硫酸钠相当于碘的质量，g；

m——样品质量，g。

【注意事项】

1. 标定硫代硫酸钠的方法按《无机化学实验》讲义中的方法。
2. 饱和KI溶液须用时现配，因为饱和KI溶液在空气中容易氧化放出游离的I_2影响测定结果。
3. 三氯甲烷中尚含有微量的醛类物质，在空气中容易氧化而影响过氧化值的测定，故每次测定必须做空白试验以做校正。

【思考题】

1. 过氧化油脂的危害是什么？
2. 加冰乙酸和KI时振荡和准确计时的目的是什么？

实验七　卵磷脂的提取和鉴定

一、实验目的

掌握提取卵磷脂的原理和方法，并初步了解卵磷脂的性质。

二、实验原理

卵磷脂是甘油磷脂的一种，是细胞膜磷脂双分子层的重要组分。卵磷脂又称为磷脂酰胆碱，在动植物体内均有分布，在动物的脑、精液、肝、肾上腺和红细胞中含量较多，蛋黄中含量可达8%~10%。卵磷脂是两性分子，可溶于非极性溶剂中(但不易溶于水和丙酮)，可用含少量水的非极性溶液(热的95%乙醇溶液)进行提取。新提取的卵磷脂为白色蜡状物，与空气接触后，其不饱和脂肪酸被氧化而呈黄褐色；卵磷脂中的胆碱，在碱性溶液中可分解为三甲胺(特异的鱼腥味)，可用于鉴定。

三、试剂与器材

1. 仪器

水浴锅，蒸发皿，小烧杯，试管，量筒(50mL)，电子天平，玻璃棒，玻璃漏斗，滤纸。

2. 材料

鸡蛋。

3. 试剂

(1)95%乙醇溶液。

(2)10% NaOH溶液。

(3)丙酮。

四、操作步骤

1. 提取

称取2g蛋黄于小烧杯内，在另一小烧杯中加入2g蛋清，分别加入热的95%乙醇溶液15mL，边加入边用玻璃棒搅拌，冷却，滤入干燥的试管内(如滤液混浊须重新过滤，直至完全透明)。将滤液置于蒸发皿内，水浴锅蒸汽浴蒸干。在盛有鸡蛋黄的蒸发皿中发现残留物先变为白色，后变为黄色。

2. 三甲胺实验

各取上述残留物少许，分别置于试管内，各加10%NaOH溶液约2mL，水浴加热，看是否产生鱼腥味。

3. 溶解度实验

另取少量卵磷脂溶于1mL乙醇中，添加1~2mL丙酮，观察有无变化。

五、结果处理

蛋黄的水浴加热残留物产生鱼腥味，证明是卵磷脂；而蛋清的水浴加热残留物无鱼腥味，证明不是卵磷脂。

【思考题】

1. 为什么卵磷脂是良好的乳化剂？
2. 怎样分离卵磷脂和简单脂？

实验八　血清胆固醇的测定

一、实验目的

掌握磷硫铁法测定血清胆固醇原理、方法及临床意义。

二、实验原理

血清中胆固醇含量可用磷硫铁法测定。血清经无水乙醇处理，蛋白质沉淀，胆固醇及其酯则溶于其中。在乙醇提取液中，加磷硫铁试剂(即浓硫酸和三价铁溶液)，胆固醇及其酯与试剂形成比较稳定的紫红色化合物，呈色程度与胆固醇及其酯含量成正比，可用比色法(560nm)定量测定。

三、试剂与器材

1. 仪器

试管，容量瓶(100mL)，移液管(1mL 2 支，2mL 4 支，5mL 1 支)，离心机，分光光度计，离心管。

2. 材料

动物血清。

3. 试剂

(1)10% $FeCl_3$ 溶液　称取 10g $FeCl_3 \cdot 6H_2O$ 溶于 85%~87%浓磷酸中，然后定容至 100mL，于棕色瓶中冷藏，保存期为 1 年。

(2)磷硫铁试剂　加 10% $FeCl_3$ 溶液 1.5mL 于 100mL 棕色容量瓶中，以浓硫酸定容至刻度。

(3)胆固醇标准贮液　准确称取 80mg 胆固醇(必要时须重结晶)，溶于无水乙醇中，定容至 100mL，于棕色瓶中低温保存。

(4)胆固醇标准溶液　将上述贮液用无水乙醇准确稀释 10 倍，此标准溶液含胆固醇 0.08mg/mL。

(5)无水乙醇。

(6)浓硫酸。

四、操作步骤

1. 胆固醇的提取液

准确吸取 0.2mL 血清置于干燥离心管中，先加无水乙醇 0.8mL，摇匀后，再加无水乙醇 4.0mL(无水乙醇分 2 次加入，目的是使蛋白质分散成很细的沉淀颗粒析出)，加盖，用力摇匀 10min 后，以 3 000r/min 离心 5min。取上清液备用。

2. 比色测定

取 4 支干燥试管，编号，按表 3－1 加入各种试剂。

表 3－1 胆固醇比色测定 mL

试剂	空白管	标准管	样品管Ⅰ	样品管Ⅱ
无水乙醇	2.0	—	—	—
胆固醇标准溶液	—	2.0	—	—
血清胆固醇的提取液	—	—	2.0	2.0
磷硫铁试剂	2.0	2.0	2.0	2.0

加入上述试剂后，各管立即振荡 15～20 次，室温冷却 15min 后，在分光光度计上于 560nm 处比色。

五、结果处理

$$血清胆固醇(mg/100mL)=\frac{A_{560nm}(样品液)}{A_{560nm}(标准液)}\times 0.08\times\frac{100}{0.04}=\frac{A_{560nm}(样品液)}{A_{560nm}(标准液)}\times 200$$

【注意事项】

1. 实验操作中，涉及浓硫酸、浓磷酸，必须十分小心。

2. 沿管壁缓慢加入磷硫铁试剂，如室温过低(15℃以下)，可先将离心管上层清液置 37℃恒温水浴中片刻，然后加磷硫铁试剂显色。分成两层后，轻轻旋转试管，使其均匀混合。管口加盖，室温下放置。

3. 所用试管、比色杯均须干燥，如吸收水分，必然影响呈色反应。浓硫酸质量也很重要。

4. 呈色稳定仅约 1h。

5. 胆固醇含量过高时，应先将血清用生理盐水稀释后再测定，其结果乘以稀释倍数。

【思考题】

1. 正常人血浆和血清中含有很多不溶于水的酯类，为什么血清清澈透明？

2. 请问机体的胆固醇以哪几种形式存在？

第四章　蛋白质

实验九　氨基酸的分离鉴定——薄层层析法

一、实验目的

1. 掌握薄层层析的一般原理和基本操作技术。

2. 掌握如何根据比移值(R_f 值)鉴定被分离的物质。

二、实验原理

氨基酸薄层层析属于吸附层析，主要根据各种氨基酸在吸附剂表面的吸附能力不同而进行分离或提纯的一种方法。将硅胶(吸附剂——作为固定相的支持剂)均匀地铺在玻璃片上，并将氨基酸样品点于玻璃片上。在密闭容器中，由于吸附剂的毛细管作用使展开剂上行将样品展开。被分离的氨基酸因结构不同，在吸附剂上的吸附亲和力也不同。吸附力大的容易被吸附剂吸附，而较难被溶剂所冲洗(即解吸)；吸附力小的容易被溶剂携带至较远的距离。氨基酸在吸附剂和展开剂之间反复多次地进行吸附和解吸，从而使不同的氨基酸达到分离目的。

样品分离后测定 R_f 值。R_f 值是用来表示物质被分离后的位置的数值。

一般应用同一吸附剂和同一溶剂系统时，物质 R_f 值相对恒定，因此可以根据 R_f 值来鉴定被分离的物质。但是被测物质 R_f 值尚与所用的操作方法、吸附剂的性质、薄层活性、薄层厚度、溶剂质量、滴加样品的数量、薄层浸入展开剂的深度以及层析缸中蒸汽的饱和度等条件有关，但与温度变化关系不大。为了避免上述影响因素干扰，一般都使用已知样品与被测样品在同一薄层上，在相同条件下层析，对照所得的 R_f 值而进行定性鉴定。

三、试剂与器材

1. 仪器

玻璃板(载玻片)，层析缸(小型)，电吹风，长颈漏斗，玻璃毛细管，恒温干燥箱，层析喷雾器，研钵。

2. 试剂

(1)硅胶 G。

(2)氨基酸溶液　制备下列各氨基酸的异丙醇(90%)溶液各 10mL。

0.01mol/L 精氨酸：17.4mg 精氨酸溶于 90%异丙醇溶液 10mL。

0.01mol/L 甘氨酸：7.5mg 甘氨酸溶于 90%异丙醇溶液 10mL。

0.01mol/L 酪氨酸：18.1mg 酪氨酸溶于 90%异丙醇溶液 10mL。

将上述3种试剂各取出1mL，混合均匀作为氨基酸混合溶液。

(3)展开剂　按4∶1∶1体积比例混合正丁醇、冰乙酸及水。临用时配制。

(4)0.5%茚三酮-丙酮溶液　0.5g茚三酮溶于无水丙酮100mL中。

四、操作步骤

1. 薄板的制备

(1)称取1.0g硅胶G放入研钵内，加3mL蒸馏水，研磨成均匀的稀糊状。

(2)硅胶G均匀分布，表面平坦，光滑，无水层及气泡，然后水平放置在空气中使其自然干燥。

(3)待玻璃板上硅胶干后，放入105℃的恒温干燥箱内活化，0.5h后取出，晾凉备用。

2. 点样

(1)在距离玻璃板一端1~1.5cm处用细线向下压硅胶，压成一条点样线。

(2)用直径约1mm的毛细管分别吸取甘氨酸、精氨酸、酪氨酸及混合氨基酸溶液，在点样线上点样，每间隔1~1.5cm处点一种样品(约5μL)，点样直径2~3mm。待点样处干后，再将样品在原点样处重复点1次。

3. 展层

(1)将玻璃板的点样端向下，倾斜地放入层析缸内，使其与缸底平面成约60°。

(2)用长颈漏斗加入展开剂，使展开剂离点样处0.5~1cm为止。

(3)盖上层析缸盖进行层析。

(4)当展开剂前沿到达玻璃板全长的3/4处时，停止层析，取出玻璃板，记下展开剂前沿的位置，用电吹风吹干硅胶板。

4. 显色

(1)用0.5%茚三酮-丙酮溶液均匀地喷洒于硅胶板上。

(2)将玻璃板置105℃干燥箱内烘干，约2min即可显出粉红色斑点。

5. 测 R_f 值

(1)分别测量甘氨酸、精氨酸、酪氨酸的 R_f 值，作为标准。

(2)再测出混合液中分离出的各种氨基酸的 R_f 值与标准值对照，以确定为何种氨基酸。

(3)精氨酸的 R_f 值约为0.08，甘氨酸约为0.22，酪氨酸约为0.47。

五、结果处理

$$R_f = \text{原点到层析斑点之间的距离}/\text{原点到溶剂前沿的距离}$$

【思考题】

1. 点样时样品量的多少对实验结果有什么影响？
2. 说明哪些因素会影响最后 R_f 值的结果？

实验十　蛋白质及氨基酸的呈色反应

一、实验目的

1. 了解蛋白质及氨基酸的呈色反应原理。
2. 学习几种常用的鉴定蛋白质及氨基酸的方法。

二、实验原理

1. 双缩脲反应

尿素加热至180℃左右，形成双缩脲并放出一分子氨。双缩脲在碱性溶液中能与 Cu^{2+} 结合成紫红色络合物，此反应称为双缩脲反应。凡具有两个酰胺基或两个直接连接的肽键，或能与一个中间碳原子相连的肽键，这类化合物都具有双缩脲反应。因此，一切蛋白质或二肽以上的多肽都具有双缩脲反应，但具有双缩脲反应的物质不一定都是多肽或蛋白质。可用此法做蛋白质的定量测定。

氨干扰此反应，因为氨与 Cu^{2+} 可生成暗蓝色的络离子 $Cu(NH_3)_4^{2+}$。

2. 黄色反应

含有苯环结构的氨基酸，如酪氨酸、色氨酸，遇到浓硝酸可被硝化成黄色物质，即硝基苯衍生物。该化合物在碱性溶液中进一步转化成橘黄色的硝醌酸钠。绝大多数蛋白质都含有芳香族氨基酸，都有黄色反应，如指甲、头发、皮肤等。但苯丙氨酸不易硝化，需加入少量浓硫酸才有黄色反应。

3. 茚三酮反应

除脯氨酸及羟脯氨酸与茚三酮反应产生黄色物质、半胱氨酸不反应外，其余所有 α-氨基酸及一切蛋白质都能和茚三酮反应产生蓝紫色物质。

由于 β-丙氨酸、氨和许多一级胺都有此阳性反应，而尿素、马尿酸和肽链上的亚氨基不呈现此反应，故并非呈阳性反应的物质就是氨基酸或蛋白质。

此反应十分灵敏，要求pH值为5~7，酸度过大时不显色。常用茚三酮反应定性或定量地测定氨基酸(蛋白质与茚三酮反应呈弱阳性反应)。

4. 米伦反应

硝酸、亚硝酸、硝酸汞、亚硝酸汞的混合物称作米伦试剂。它能与苯酚及其某些衍生物生成白色沉淀，加热后沉淀变成红色。组成蛋白质的氨基酸只有酪氨酸为羟苯衍生物，故据此反应就说明蛋白质中有酪氨酸存在。

5. 乙醛酸反应

在浓硫酸存在条件下，色氨酸及含有色氨酸的蛋白质能与乙醛酸作用生成紫色物质，反应机理不十分清楚。凡含有吲哚基的化合物都有这一反应。

三、试剂与器材

1. 仪器

试管，试管架，试管夹，红色石蕊试纸，酒精灯，水浴锅，量筒，移液管，滴管，滤纸。

2. 材料

头发，指甲。

3. 试剂

(1)10% NaOH 溶液。

(2)1% $CuSO_4$ 溶液。

(3)2% 卵清蛋白溶液。

(4)蛋白质溶液。

(5)尿素(细粉末状)。

(6)0.5% 甘氨酸溶液。

(7)0.1% 茚三酮水溶液。

(8)0.1% 茚三酮-乙醇溶液。

(9)0.5% 苯酚溶液。

(10)0.3% 酪氨酸溶液。

(11)0.3% 色氨酸溶液。

(12)浓硝酸。

(13)1% 白明胶。

(14)0.03% 色氨酸溶液。

(15)浓硫酸。

(16)冰乙酸(可代替乙醛酸)。

(17)米伦试剂　取 100g 金属汞溶解于 20mL 浓硝酸中，冷却后，用蒸馏水稀释至 50mL，静置至澄清后取上清液使用。

四、操作步骤

1. 双缩脲反应

将少许尿素结晶体放于干燥试管中，微火加热熔化使之形成双缩脲，可用红色石蕊试纸检验放出的氨气。当试管内出现白色固体时，停止加热。冷却后加 10% NaOH 溶液 10 滴，摇匀，再加 1% $CuSO_4$ 溶液 2 滴，混匀后观察有无紫红色出现。另取 1 支试管，加 10 滴 2%卵清蛋白溶液，再加 10% NaOH 溶液 10 滴及 1% $CuSO_4$ 溶液 2 滴，混匀后观察颜色的变化。

2. 黄色反应

取 6 支试管，编号，按表 4－1 加入各种试剂，有的试管反应慢，可略放置片刻或用微火加热，待各试管出现黄色后，于室温下逐滴加入 10% NaOH 溶液至碱性，观察颜色变化。

表4-1　实验结果

管号	1	2	3	4	5	6
材料/滴	指甲 少许	鸡蛋清溶液 4	头发 少许	0.5%苯酚溶液 4	0.3%酪氨酸溶液 4	0.3%色氨酸溶液 4
浓硝酸/滴	40	2	40	4	4	4
现象						

3. 茚三酮反应

取2支试管，分别加入蛋白质溶液和0.5%甘氨酸溶液各1mL，再各加0.1% 茚三酮水溶液2滴，在沸水浴中加热1~2min，观察是否由粉红变成紫红色再变成蓝紫色。

另取一小块滤纸，在中央滴1滴0.5%甘氨酸溶液。自然干燥后，再在原处滴上1滴0.1%茚三酮-乙醇溶液，在微火旁(电炉或酒精灯等)烘干显色，观察有何现象出现。

4. 米伦反应

取3支试管，分别加入0.5%苯酚溶液1mL、蛋白质溶液2mL及1%白明胶2mL，再各加米伦试剂2滴(约0.5mL)，置沸水浴中加热，观察3支试管颜色变化。

5. 乙醛酸反应

取3支试管，分别加入蛋白质溶液、0.03%色氨酸溶液及蒸馏水各0.5mL，然后各加入冰乙酸约1mL，摇匀后将试管倾斜，分别沿试管壁慢慢谨慎地加入浓硫酸约1mL，将试管静置，切勿摇动。观察各管两液面交界处是否产生紫色环，如果现象不明显，可在沸水浴中微热。

本实验极为灵敏，色氨酸及蛋白质的量不宜过多。

【思考题】

1. 茚三酮反应的阳性结果是什么颜色？能否用茚三酮反应可靠地鉴定蛋白质的存在？
2. 黄色反应的阳性结果说明什么问题？

实验十一　蛋白质的两性反应和等电点的测定

一、实验目的

1. 了解蛋白质的两性解离性质。

2. 初步学会测定蛋白质等电点的方法。

二、实验原理

蛋白质由许多氨基酸组成，虽然绝大多数的氨基与羧基成肽键结合，但是总有一定数量自由的氨基与羧基，以及酚基等酸碱基团，因此蛋白质和氨基酸一样是两性电解质。调节溶液的酸碱度达到一定的氢离子浓度时，蛋白质分子所带的正电荷和负电荷相等，以兼性离子状态存在，在电场内该蛋白质分子既不向阴极移动，也不向阳极移动，这时溶液的pH值称为该蛋白质的等电点(pI)。当溶液的pH值低于蛋白质等电点时，即在H^+较多的条件下，蛋白质分子带正电荷成为阳离子；当溶液的pH值高于蛋白质等电点时，即在OH^-较多的条件下，蛋白质分子带负电荷成为阴离子。在等电点时蛋白质溶解度最小，容易沉淀析出。

三、试剂与器材

1. 仪器

试管，试管架，滴管，移液管(1mL，5mL)。

2. 试剂

(1)0.5% 酪蛋白溶液。

(2)酪蛋白乙酸钠溶液。

(3)0.04% 溴甲酚绿指示剂。

(4)0.02mol/L HCl 溶液。

(5)0.1mol/L 乙酸溶液。

(6)0.01mol/L 乙酸溶液。

(7)1mol/L 乙酸溶液。

(8)0.02mol/L NaOH 溶液。

四、操作方法

1. 蛋白质的两性反应

(1)取1支试管，加0.5%酪蛋白溶液20滴和0.04%溴甲酚绿指示剂5~7滴，混匀。观察溶液呈现的颜色，并说明原因。

(2)用细滴管缓慢加入0.02mol/L HCl 溶液，随滴随摇，直至有明显的大量沉淀发生，此时溶液的 pH 值接近酪蛋白的等电点。观察溶液颜色的变化。

(3)继续滴入 0.02mol/L HCl 溶液，观察沉淀和溶液颜色的变化，并说明原因。

(4)再滴入 0.02mol/L NaOH 溶液进行中和，观察是否出现沉淀，解释其原因。继续滴入 0.02mol/L NaOH 溶液，为什么沉淀又会溶解？溶液的颜色如何变化？说明了什么问题？

2. 酪蛋白等电点的测定

(1)取 9 支粗细相近的干燥试管，编号，按表 4－2 的顺序准确地加入各种试剂。加入每种试剂后应混合均匀。

(2)静置约 20min，观察每支试管内溶液的混浊度，以－，+，+ +，+ + +，+ + + +符号表示沉淀的多少。根据观察结果，指出哪一个 pH 值是酪蛋白的等电点。

(3)该实验要求各种试剂的浓度和加入量必须相当准确。

表 4－2　酪蛋白等电点的测定

管　号	1	2	3	4	5	6	7	8	9
蒸馏水/mL	2.4	3.2	—	2.0	3.0	3.5	1.5	2.75	3.38
1mol/L 乙酸溶液/mL	1.6	0.8	—	—	—	—	—	—	—
0.1mol/L 乙酸溶液/mL	—	—	4.0	2.0	1.0	0.5	—	—	—
0.01mol/L 乙酸溶液/mL	—	—	—	—	—	—	2.5	1.25	0.62
酪蛋白乙酸钠溶液/mL	1.0	1.0	1.0	1.0	1.0	1.0	1.0	1.0	1.0
溶液最终 pH 值	3.5	3.8	4.1	4.4	4.7	5.0	5.3	5.6	5.9
沉淀出现情况									

【思考题】

1. 在等电点时蛋白质的溶解度为什么最低？请结合你的实验结果和蛋白质的胶体性质加以说明。

2. 在本实验中，酪蛋白处于等电点时则从溶液中沉淀析出，所以说凡是蛋白质在等电点时必然沉淀出来。上面这种结论对吗？为什么？请举例说明。

实验十二　酪蛋白的制备

一、实验目的

学习从牛乳中制备酪蛋白的原理和方法。

二、实验原理

牛乳中主要的蛋白质是酪蛋白，含量约为3.5g/L。酪蛋白是一些含磷蛋白质的混合物，等电点为4.7。利用酪蛋白在等电点时溶解度最低的原理，将牛乳的pH值调到4.7时，绝大多数酪蛋白就沉淀出来。用乙醇洗涤沉淀物，除去脂类杂质后便可得到较为纯净的酪蛋白。

三、试剂与器材

1. 仪器

离心机，抽滤装置，精密pH试纸或酸度计，水浴锅，恒温干燥箱，量筒(50mL)，表面皿。

2. 材料

牛奶。

3. 试剂

(1)95%乙醇溶液。

(2)无水乙醚。

(3)乙醇-乙醚混合液　乙醇：乙醚=1：1。

(4)0.2mol/L pH 4.7乙酸-乙酸钠缓冲液3 000mL　先配制A液与B液。

A液(0.2mol/L乙酸钠溶液)：称取54.44g $NaAc \cdot 3H_2O$，定容至2 000mL。

B液(0.2mol/L乙酸溶液)：称取12.0g优级纯乙酸(含量大于99.8%)定容至1 000mL。

取A液1 770mL，B液1 230mL，混合即得pH 4.7乙酸-乙酸钠缓冲液3 000mL。

四、操作步骤

(1)将牛乳、pH 4.7乙酸-乙酸钠缓冲液在恒温水浴锅内预热至40℃。在搅拌条件下，缓慢混合40mL牛乳，40mL pH 4.7乙酸-乙酸钠缓冲液。用精密pH试纸准确调pH值至4.7。

(2)将上述悬浮液室温静置5min，然后4 500r/min离心6min，弃去上清液，得到蛋白质粗制品。

(3)用30mL蒸馏水搅拌洗涤沉淀1次，4 500r/min离心6 min，弃去上清液。

(4)用15mL 95%乙醇溶液搅拌洗涤沉淀1次，4 500r/min 离心6min，弃去上清液。

(5)再用乙醇-乙醚混合液搅拌洗涤沉淀2次，第一次洗完后4 500r/min 离心6min 获得沉淀，第二次洗完后用布氏漏斗抽滤获得沉淀。

(6)将沉淀摊开在表面皿上，鼓风干燥箱内65℃干燥5min。

(7)准确称量所获蛋白质粉质量(差量法)。

五、结果处理

$$酪蛋白含量 = \frac{酪蛋白(g)}{100(mL\ 牛乳)}$$

$$得率 = \frac{实验含量}{理论含量} \times 100\%(理论含量为3.5g/100mL\ 牛乳)$$

【思考题】

用有机溶剂清洗沉淀的目的是什么？

实验十三　蛋白质的沉淀反应

一、实验目的

1. 掌握沉淀蛋白质的几种方法及实用意义。
2. 了解蛋白质变性与沉淀的关系。

二、实验原理

在水溶液中的蛋白质分子由于表面生成水化层和电荷层而成为稳定的亲水胶体颗粒，在一定理化因素影响下，蛋白质颗粒由于电荷层的失去及水化层的破坏而从溶液中沉淀析出。

蛋白质的沉淀可分为可逆沉淀反应与不可逆沉淀反应两类。

1. 可逆沉淀反应

此时蛋白质分子的结构尚未发生显著变化，除去引起沉淀的因素后，蛋白质的沉淀仍能溶于原来的溶剂中，并保持其天然性质不变。

2. 不可逆沉淀反应

蛋白质发生沉淀后，其分子内部结构，特别是空间结构已受到破坏，失去生物学活性，除去导致沉淀的因素仍不能恢复原来的性质。

蛋白质变性后，有时由于维持溶液稳定的条件仍存在(如电荷)，并不析出。因此，变性的蛋白质并不一定析出沉淀，而沉淀的蛋白质也不一定都已变性。

三、试剂与器材

1. 仪器

试管，试管架，试管夹，量筒，滴管，离心机，离心管，漏斗，玻璃棒，滤纸，纱布。

2. 材料

鲜鸡蛋。

3. 试剂

(1)蛋白质氯化钠溶液　取20mL蛋清，加蒸馏水200mL和饱和NaCl溶液100mL，充分搅匀后，以纱布滤去不溶物(加NaCl的目的是溶解球蛋白)。

(2)1% $CuSO_4$ 溶液。

(3)蛋白质溶液　取20mL蛋清，用蒸馏水稀释至200mL，搅拌均匀后，用纱布过滤。

(4)2% $AgNO_3$ 溶液。

(5)0.5% 乙酸铅溶液。

(6)10% 三氯乙酸溶液。

(7)5% 磺基水杨酸溶液。

(8)1% 乙酸溶液。
(9)5% 鞣酸溶液。
(10)饱和苦味酸溶液。
(11)饱和硫酸铵溶液。
(12)95% 乙醇溶液。
(13)硫酸铵粉末。
(14)蒸馏水。

四、操作步骤

1. 蛋白质的盐析作用

取1支10mL离心管，加入3mL蛋白质氯化钠溶液及3mL饱和硫酸铵溶液，混匀静置约10min，球蛋白沉淀析出。2 000r/min离心5min，将上清液倾入另1支10mL离心管中，取少许球蛋白沉淀，加少量水搅拌，观察沉淀是否溶解。往盛上清液的离心管中加入硫酸铵粉末，直至不再溶解为止，静置，观察清蛋白沉淀析出。2 000r/min离心5min后，弃去上清液，加入少量水搅拌，观察沉淀是否溶解。

2. 有机溶剂沉淀蛋白质

取1支试管，加入2mL蛋白质氯化钠溶液，加入95%乙醇溶液2mL。混匀，观察沉淀的生成。

3. 重金属盐沉淀蛋白质

取3支试管，编号，分别各加入2mL蛋白质溶液，再分别加入2% $AgNO_3$ 溶液、0.5%乙酸铅溶液、1% $CuSO_4$ 溶液1~2滴，振荡试管，观察沉淀的生成。放置片刻，弃去上清液，向沉淀中加入少量水，沉淀是否溶解？为什么？

4. 有机酸沉淀蛋白质

取2支试管，各加约1mL蛋白质溶液，然后在2支试管中分别滴加10%三氯乙酸溶液和5%磺基水杨酸溶液3滴，观察沉淀析出。摇匀后放置片刻，弃去上清液，向沉淀中加入少量水，观察沉淀是否溶解。

5. 生物碱试剂沉淀蛋白质

取2支试管，各加入1mL蛋白质溶液及2滴1%乙酸溶液，再向其中1支试管中加入2滴5%鞣酸溶液，向另1支试管中加饱和苦味酸溶液4滴，振荡后，观察现象。

【注意事项】

1. 蛋白质盐析实验中应先加蛋白质溶液，然后加饱和硫酸铵溶液。
2. 固体硫酸铵若加到饱和则有结晶析出，勿与蛋白质沉淀混淆。

【思考题】

1. 用有机酸和重金属盐沉淀蛋白质时，都对溶液的pH值有何要求？在此条件下沉淀效果好，为什么？
2. 沉淀和变性有何异同？

实验十四　蛋白质含量的测定——Lowry 法

一、实验目的

1. 了解 Lowry 法测定蛋白质含量的原理。
2. 了解标准曲线在物质定量测定中的应用及绘制要点。
3. 进一步熟悉掌握分光光度计的操作方法。

二、实验原理

Lowry 法，又称 Folin-酚法，是最灵敏的蛋白质测定方法之一。蛋白质含有两个以上肽键，在碱性溶液中蛋白质与 Cu^{2+}形成紫红色络合物(双缩脲反应)，这个络合物及酪氨酸、色氨酸残基能使磷钼酸-磷钨酸试剂(Folin 试剂)还原，产生蓝色物质(钼蓝和钨蓝)(还原反应)，可进行比色测定。利用蓝色深浅与蛋白质浓度成正比的关系进行样品中蛋白质含量的测定。本测定法比双缩脲法灵敏，可用波长 650nm 比色，测定范围为 50~500μg/mL。

三、试剂与器材

1. 仪器

天平，试管，移液管，水浴锅，分光光度计，比色皿。

2. 材料

牛血清白蛋白(BSA)，待测蛋白溶液。

3. 试剂

(1)Folin-酚试剂

试剂 A：由下述 3 种溶液配制。①称取 20g 无水 Na_2CO_3、4g NaOH 溶解于 1L 水中；②称取 0.2g $CuSO_4$ 溶于 20mL 水中；③称取 0.4g 酒石酸钾钠溶于 20mL 水中。在测定的当天，将这 3 种溶液按 100∶1∶1 的体积比混合，即为 Folin-酚试剂 A，混合放置 30min 后使用。混合液只能用 1d(注：现用现配)，3 种溶液分开可长期保存。

试剂 B：在 2 000mL 磨口回流装置内加入 100g 钨酸钠($NaWO_2 \cdot 2H_2O$)、25g 钼酸钠(Na_2MoO_4)、水 700mL、85% H_3PO_4 50mL 及 HCl 100mL。充分混匀后，使用回流装置(用木塞或锡纸包裹的橡皮塞)微沸回流 10h。取下回流装置，再加 150g 硫酸锂(Li_2SO_4)、水 50mL 和数滴溴，然后开口继续煮沸约 15min，去除过量的溴，冷却加水至 1 000mL，过滤，溶液呈黄绿色，置于棕色试剂瓶中贮存于暗处。本试剂主要成分是磷钨酸和磷钼酸，配制时加溴是氧化混合溶液中的还原性生成物，加硫酸锂是为防止生成沉淀。使用前用标准 NaOH 溶液(0.5moL/L)滴定，以酚酞为指示剂，并加水稀释至相当于 1moL/L 酸浓度。

(2)0.5moL/L NaOH 滴定液的配制及标定　取 NaOH 适量，加水搅拌使溶液成饱和溶液，冷却后，置聚乙烯塑料瓶中，静置数日，澄清后，取澄清的 NaOH 饱和溶液 28mL，加新煮沸后冷却的水，使成1 000mL，摇匀。

(3)标准蛋白质溶液　标准牛血清白蛋白溶液(100μg/mL)。取1支血清白蛋白标准品，用水定量稀释至每毫升含1mg，作为贮备液。精密量取贮备液2.5mL于25mL量瓶中，用水稀释至刻度，摇匀，即为每毫升含100μg的标准蛋白质溶液。

(4)待测蛋白质溶液　牛血清白蛋白，浓度不超过500μg/mL，否则要适当稀释。

四、操作步骤

1. 标准曲线的绘制

取7支试管，编号，按表4-3进行操作。

表4-3　标准曲线的绘制

管　号	0	1	2	3	4	5	6
标准蛋白溶液/mL	0	0.1	0.2	0.4	0.6	0.8	1.0
蒸馏水/mL	1.0	0.9	0.8	0.6	0.4	0.2	0
蛋白质含量/(μg/mL)	0	10	20	40	60	80	100

配好后各管加入试剂A 5mL，混匀，室温放置10min后，各管再加试剂B 0.5mL，立即混匀，室温放置30min，在650nm波长处，以0号管调零点，测定各管吸光度值(显色后，如发现混浊，3 000r/min离心15min，取上清液测定)。

以蛋白浓度为横坐标，各管吸光度为纵坐标，绘制标准曲线。

2. 样品测定

取待测蛋白质溶液1mL，置于试管内，加入试剂A 5mL，混匀，室温放置10min后，各管再加试剂B 0.5mL，立即混匀，室温放置30min，在650nm波长处，以0号管调零点，测定各管吸光度(平行2次)。

五、结果处理

以蛋白质浓度对应其吸光度绘制标准曲线，可得到直线回归方程。将待测样品测定得到的吸光度代入直线回归方程，即得待测样品的蛋白质浓度。

计算：

样品蛋白浓度(μg/mL)=测得的蛋白质浓度×样品稀释倍数

【注意事项】

1. 由于不同蛋白质所含酪氨酸和色氨酸残基的量不同，致使等量的不同蛋白质所显示的颜色深度不尽一致，产生误差。

2. 因Lowry反应的显色随时间不断加深，因此各项操作必须精确控制时间。

3. 磷钼酸-磷钨酸试剂(Folin-酚试剂B)仅在酸性条件下稳定，而蛋白质的显色反应需在pH 10的环境中进行，因此当试剂B加入后，应立即充分混匀，以便在磷钼酸-磷钨酸试剂被破坏之前与蛋白质发生显色反应，这对于结果的重现性非常重要。

【思考题】

1. Lowry 法测定蛋白质含量的原理是什么？

2. 为什么测定未知样品的浓度时，所测出的吸光度值必须落在标准曲线的直线范围内？

3. 哪些因素会干扰 Lowry 法对蛋白质含量的测定？如何消除这些干扰因素？

实验十五　蛋白质含量的测定——BCA法

一、实验目的

1. 了解BCA法测定蛋白质含量的原理。
2. 学会利用BCA法绘制标准曲线。
3. 熟悉酶标板的使用及进行样品比色测定的操作方法。

二、实验原理

BCA(4,4′-二羧基-2,2′-二喹啉，bicinchoninic acid，双辛丹宁)是一种稳定的水溶性复合物。在碱性条件下，蛋白质能与二价铜离子生成络合物，同时将二价铜离子还原成一价铜离子，一价铜离子可以和BCA试剂反应，两分子的BCA螯合一个铜离子，生成稳定的紫蓝色复合物，该复合物在562nm波长处有强烈的光吸收，在一定浓度范围内，吸光度和蛋白质浓度有良好的线性关系，因此可用于蛋白质含量的测定。

BCA测定蛋白质的范围是10～1 200μg/mL，微量BCA法可检测到0.5μg/mL的微量蛋白。

三、试剂与器材

1. 仪器

水浴锅，酶标板，移液器(20μL，200μL，1mL)。

2. 材料

结晶牛血清白蛋白(BSA)，待测蛋白溶液。

3. 试剂

(1)BCA试剂A　1% BCA二钠盐、2%无水Na_2CO_3、0.16%酒石酸钠、0.4% NaOH、0.95% $NaHCO_3$混合，调pH值至11.25。

(2)BCA试剂B　40g/L $CuSO_4$。

(3)BCA工作液　根据样品数量，按50体积BCA试剂A加1体积BCA试剂B(50∶1)配制适量BCA工作液，充分混匀，BCA工作液室温24h内稳定。市面有BCA法试剂盒销售。

(4)蛋白质标准溶液　完全溶解结晶牛血清白蛋白标准品，配制成终浓度为500μg/mL的蛋白溶液。蛋白标准品溶解液应与待测蛋白样品的溶解液一致。为简便起见，也可以用0.9% NaCl或PBS缓冲液稀释标准品。

(5)待测蛋白溶液　结晶牛血清白蛋白用水稀释10倍，置于冰箱保存备用。

四、操作步骤

1. 标准曲线的绘制

取一块酶标板，按表 4－4 进行操作。

表 4－4　标准曲线的绘制

孔　号	0	1	2	3	4	5	6	7
标准蛋白溶液/μL	0	1	2	4	8	12	16	20
标准品稀释液/μL	20	19	18	16	12	8	4	0
蛋白质浓度/(μg/mL)	0	25	50	100	200	300	400	500

配好后各孔加入 BCA 工作液 200μL，混匀，37℃保温 30min，在 562nm 波长处，以 0 号管调零点，测定各管吸光度。

以蛋白质浓度(μg/mL)为横坐标，吸收度为纵坐标，绘制标准曲线。

2. 样品测定

稀释待测蛋白溶液至合适浓度，使样品稀释液总体积为 20μL，加入 BCA 工作液 200μL，混匀，37℃保温 30min，在 562nm 波长处，以 0 号管调零点，测定样品吸光度。

五、结果处理

以标准曲线的蛋白质浓度对应其吸光度值，得到直线回归方程，用样品所测定的吸收度代入直线回归方程，得到相应的蛋白质浓度(μg/mL)，乘以样品稀释倍数即为样品实际浓度(μg/mL)。

计算：

样品蛋白浓度(μg/mL)= 标准曲线所得蛋白质浓度×样品稀释倍数

【注意事项】

1. 加入 BCA 工作液后，也可以在室温放置 2h，或者 60℃ 放置 30min。BCA 法测定蛋白质浓度时，吸光度可随时间的延长不断加深，且显色反应会随温度升高而加快，因此如果浓度较低，适合较高温度孵育或者延长孵育时间。

2. 标准蛋白液的加量应当准确，如果加量不准确，会导致制作出来的标准曲线出现偏差，影响待测样品的浓度计算，所以应使用精确度高的移液枪。

3. A 液和 B 液混合可能出现浑浊，此时应充分振荡混匀，最后可见透明溶液。

4. 为加快 BCA 法测定蛋白浓度的速度，可以适当用微波炉加热，但切勿过热。

【思考题】

1. BCA 法测定蛋白质含量的原理是什么？

2. 酶标板和分光光度计有哪些异同点？

实验十六 蛋白质的含量测定——双缩脲法

一、实验目的

掌握双缩脲法测定蛋白质含量的原理和方法。

二、实验原理

小心加热脲至150~160℃，脲2个分子间脱去1个氨分子而生成双缩脲。碱性溶液中双缩脲(NH_2—CO—NH—CO—NH_2)能与Cu^{2+}形成紫红色的络合物，这一反应称为双缩脲反应。蛋白质分子中的肽键与双缩脲结构相似，也能与Cu^{2+}发生双缩脲反应，在波长540nm处有最大吸收。在一定浓度范围内，双缩脲反应所呈的颜色深浅与蛋白质含量成正比，可用吸光度法测定蛋白质含量。

双缩脲法灵敏度较低，但操作简单快速，常用于生物化学领域中测定蛋白质含量。

三、试剂与器材

1. 仪器

分光光度计，离心机，比色管(50mL)。

2. 试剂

(1)双缩脲试剂　取1.60g硫酸铜($CuSO_4 \cdot 5H_2O$)和5.0g酒石酸钾钠($NaKC_2H_4O_6 \cdot 4H_2O$)溶于500mL蒸馏水中，在搅拌下加入10mol/L KOH溶液10mL，并定容至1 000mL，贮存于塑料瓶中。此试剂可长期保存，当有黑色沉淀出现时不能使用。向硫酸铜和酒石酸钾钠混合溶液中加KOH溶液时，必须剧烈搅拌，否则，可能产生$Cu(OH)_2$沉淀。配制良好的试剂应完全透明，无沉淀物。

(2)四氯化碳。

(3)标准蛋白质样品　已定氮的酪蛋白(干酪素或牛血清白蛋白)。

(4)待测蛋白溶液　结晶牛血清白蛋白用水稀释10倍，置于冰箱保存备用。

四、操作步骤

1. 标准曲线的绘制

将标准蛋白质样品按蛋白质含量40mg、50mg、60mg、70mg、80mg、90mg、100mg、110mg分别置于8支50mL比色管中，各加入1mL四氯化碳，用双缩脲试剂稀释至50mL，混匀，静置1h后取上清液4 000r/min离心5min，取离心分离后的上清液置于比色皿中，以蒸馏水为参比液，在波长540nm下调节分光光度计零点并测定各溶液的吸光度，以蛋白质的含量为横坐标，吸光度为纵坐标，绘制标准曲线。

2. 样品液测定

取待测蛋白溶液适量，置于50mL比色管中，加入1mL四氯化碳，按1中操作步骤显色后，在波长540nm下测定吸光度。用测得的吸光度在标准曲线上可查出蛋白质毫克数，进而求得样品中的蛋白质含量。

注：样品含较多脂肪时，可预先用醚去除；样品中含有不溶成分时，可将蛋白质抽出后再测定；样品肽链中含脯氨酸时，若有大量糖类共存，会导致显色效果不好，使测定值偏低。

五、结果处理

样品中蛋白质含量按下式计算：

$$X = \frac{M}{W} \times 100$$

式中：X——样品中蛋白质含量，mg/100g；

M——标准曲线查得蛋白质质量，mg；

W——样品质量，g。

【思考题】

1. 干扰本实验结果的物质主要有哪些？
2. 对于作为标准的蛋白质应有何要求？

实验十七　蛋白质含量的测定——Bradford法

一、实验目的

学习和掌握Bradford法测定蛋白质含量的原理和方法。

二、实验原理

Bradford法测定蛋白质含量的原理是基于考马斯亮蓝G-250有红蓝两种不同的形式。考马斯亮蓝G-250法属于染料结合法的一种，该反应非常灵敏，可测微克级蛋白质含量。考马斯亮蓝G-250在游离状态下呈红色，在465nm波长下有最大吸收度；当它与蛋白质结合后变为亮蓝色，在595nm波长下有最大吸收度。在一定蛋白质浓度范围内(0~1 000μg/mL)，蛋白质-考马斯亮蓝结合物在波长595nm下吸收度与蛋白质含量或浓度成正比，故可用于蛋白质含量的测定。蛋白质与考马斯亮蓝G-250结合反应十分迅速，在2min左右达到平衡，其结合物在室温下1h内保持稳定。

三、试剂与器材

1. 仪器

紫外可见分光光度计，离心机，电子天平，研钵，烧杯，容量瓶(100mL)，移液管(1mL，5mL)，具塞刻度试管(10mL)。

2. 材料

绿豆芽。

3. 试剂

(1)100μg/mL牛血清白蛋白　准确称取10mg牛血清白蛋白，溶于100mL蒸馏水中。

(2)考马斯亮蓝G-250　称取100mg考马斯亮蓝G-250溶于50mL 95%乙醇溶液中，再加入100mL质量分数为85%的H_3PO_4，最后用蒸馏水定容至1 000mL，室温可放置1个月。

(3)95%乙醇溶液。

(4)85%H_3PO_4。

四、操作步骤

1. 质量浓度为0~100μg/mL考马斯亮蓝蛋白标准曲线的制作

取6支10mL具塞刻度试管，编号，按表4-5数据配制质量浓度为0~100μg/mL牛血清白蛋白溶液各1mL。

表 4-5 牛血清白蛋白标准曲线的绘制

管　号	1	2	3	4	5	6
100μg/mL 牛血清白蛋白/mL	0	0.2	0.4	0.6	0.8	1
蒸馏水/mL	1.0	0.8	0.6	0.4	0.2	0
蛋白质质量浓度/(μg/mL)	0	20	40	60	80	100

在蛋白质溶液中加入 5mL 考马斯亮蓝 G-250 试剂，盖塞。将试管中溶液纵向倒转混合。放置 2min 后用 10mm 光径的比色皿在 595nm 下测吸光度。以蛋白质浓度为横坐标，蛋白质-考马斯亮蓝结合物吸光度为纵坐标，绘制标准曲线。

2. 样品提取液中蛋白质浓度测定

称取 2g 新绿豆芽下胚轴放入研钵中，加 2mL 蒸馏水研成匀浆，转到 100mL 离心管中，再以 50mL 蒸馏水分 2 次洗涤研钵，洗液收于同一离心管中，放置 20min 充分提取。然后 4 500r/min 离心 10min，弃去沉淀，上清液转入 100mL 容量瓶，以蒸馏水定容至刻度待测。吸取提取液 1mL，加入 5mL 考马斯亮蓝 G-250 试剂，盖塞颠倒混合，放置 2min 后用 10mm 光径的比色杯在 595nm 下测吸光度，并通过标准曲线查得提取液蛋白质浓度。

注：由于蛋白质-考马斯亮蓝结合物在室温下 1h 内保持稳定，超时会发生降解，所以测定吸光度的过程尽量在 30min 之内完成，并且需要多次反应测定取平均值。

五、结果处理

$$\text{样品蛋白质含量}(\mu g/g\ \text{鲜重}) = \frac{c(\mu g/mL) \times \text{取样体积}(mL) \times \text{稀释倍数}}{\text{样品质量}(g)}$$

式中：c——根据标准曲线查得的提取液中蛋白质质量浓度，μg/mL。

【思考题】

Bradford 法测蛋白质含量的应用范围和注意事项。

实验十八　聚丙烯酰胺凝胶圆盘电泳法分离蛋白质

一、实验目的

掌握聚丙烯酰胺凝胶圆盘电泳法分离蛋白质。

二、实验原理

聚丙烯酰胺凝胶电泳是以聚丙烯酰胺凝胶作支持物的一种区带电泳，由于此种凝胶具有分子筛的性质，所以本法对样品的分离作用，不仅决定于样品各组分所带净电荷的多少，也与分子大小有关。而且，聚丙烯酰胺凝胶电泳还有一种独特的浓缩效应，即在电泳开始阶段，由于不连续 pH 梯度的作用，将样品压缩成一条狭窄区带，从而提高了分离效果。

聚丙烯酰胺凝胶具有网状立体结构，很少有带离子的侧基，惰性好，电泳时，电渗作用小，几乎无吸附作用，对热稳定，呈透明状，易于观察结果。

聚丙烯酰胺凝胶是由丙烯酰胺(简称 Acr)和交联剂 *N*, *N*′-亚甲基双丙烯酰胺(简称 Bis)在催化剂的作用下，聚合交联而成的含有酰胺基侧链的脂肪族大分子化合物。反应方程式如下：

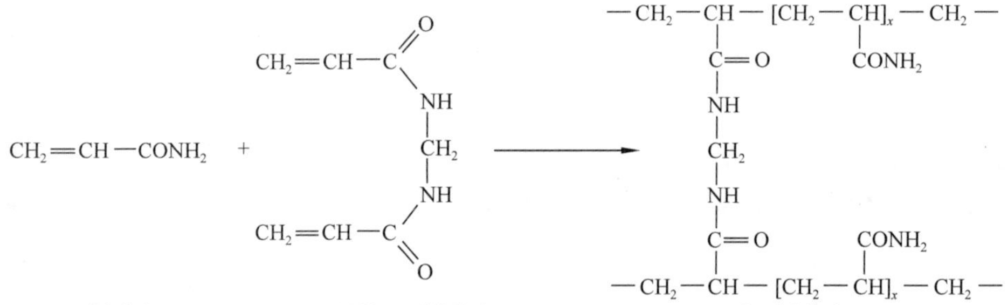

丙烯酰胺　　*N*, *N*′-亚甲基双丙烯酰胺　　聚丙烯酰胺

三、试剂与仪器

1. 仪器

移液器，稳压直流电源(500V)，玻璃管[ϕ0.5cm×(7～10)cm]，灯泡瓶，注射器(10mL)，滴管，培养皿(10cm)，圆盘电泳槽(图 4－1)，容量瓶(10mL，25mL，50mL)，量筒(100mL)，胶布，白瓷板，洗耳球。

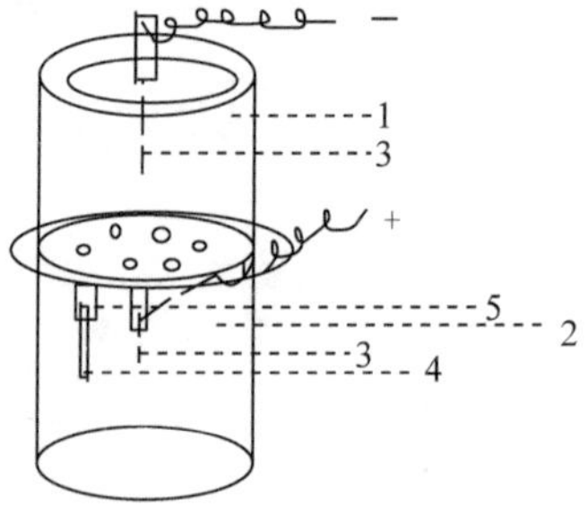

图 4－1　凝胶电泳装置

1. 上槽　2. 下槽　3. 铂电极
4. 电泳管　5. 乳胶管

2. 材料溶液

血清及其他蛋白质样品。

3. 试剂

(1) 1mol/L HCl 溶液。

(2)丙烯酰胺(Acr)　分析纯。如不纯，可按下法重结晶：90g 丙烯酰胺，溶于 500mL 的 50℃三氯甲烷，热滤，滤液用盐冰浴降温，即有结晶析出。砂芯漏斗过滤，收集结晶。按同法再重结晶一次，结晶于室温中赶尽三氯甲烷(约得 50g，熔点 84.3℃)，贮存于棕色瓶中，干燥低温(4℃)保存。

(3)*N*,*N*,*N*′,*N*′-四甲基乙二胺(TEMED)　密封避光保存。可用 *N*-二甲氨基丙腈或三乙醇胺代替，但效果较差。

(4)*N*,*N*′-亚甲基双丙烯酰胺(Bis)　分析纯。如不纯，可按下法处理：12g 亚甲基双丙烯酰胺，溶于 1 000mL 40~50℃丙酮，热滤，滤液慢慢冷至-20℃，结晶析出，砂芯漏斗吸滤，结晶用冷丙酮洗数次，真空干燥，贮存于棕色瓶，干燥低温(4℃)保存。

(5)三羟甲基氨基甲烷(简称 Tris)。

(6)过硫酸铵(AP)　分析纯，聚合用催化剂。

(7)0.05%氨基黑 10B 溶液　称取 50mg 氨基黑 10B 溶于 100mL 水中。

(8)7%乙酸和 1%乙酸。

(9)0.05%溴酚蓝溶液　称取 50mg 溴酚蓝加水溶解并定容至 100mL。

(10)40%蔗糖溶液。

(11)20%蔗糖-溴酚蓝溶液　100mL 20%蔗糖溶液加 50mg 溴酚蓝。

(12)甘氨酸-Tris 缓冲液　称取 28.8g 甘氨酸，0.6g Tris 加水定容至 1 000mL(pH 8.3)。

(13)1%考马斯亮蓝 G-250 水溶液。

(14)7%三氯乙酸(TCA)溶液。

四、操作步骤

1. 贮备液配制

A 液——小孔胶缓冲液：

1mol/L HCl	24mL
Tris	18.3g
TEMED	0.12mL

用稀 HCl 调 pH 值至 8.9，加水至 50mL，混浊可过滤。

B 液——大孔胶缓冲液：

1mol/L HCl	12mL
Tris	1.5g
TEMED	0.12mL

用稀 HCl 调 pH 值至 6.7，加水至 25mL，过滤。

C 液——小孔胶单体溶液：

Acr	7g
Bis	0.184g

用 25mL 容量瓶定容后过滤。

D 液——大孔胶单体溶液：

Acr　　　　　　1g

Bis　　　　　　0.25g

用10mL容量瓶定容后过滤。

E液——40%蔗糖溶液。

F液——0.14%过硫酸铵溶液(要新配，试剂要好)。

以上试剂需放入冰箱保存，前4种溶液，配制后如超过2个月需重新配制。尤其是C液和D液，由于Acr及Bis易水解生产丙烯酸和NH_3，冷藏也只能保存1~2月。如pH值超过5.2，即失效。F液只能保存使用1周，否则，将延缓凝胶的聚合。

2. 准备

准备好内径为0.5cm、长7~10cm的玻管，切口磨光，洗液浸泡，洗净烘干备用。

3. 凝胶的制备

(1)将所有的试剂从冰箱中取出，放至室温。

(2)小孔胶(分离胶)制备　取一灯泡瓶按*V*(A液)∶*V*(C液)∶*V*(水)∶*V*(F液)=1∶2∶1∶3的比例混合，混合溶液抽气(用水泵或油泵，约10min，除溶解氧)，然后用滴管将胶加入玻璃管内(玻璃管首先底部贴上胶布，放于有机玻璃试架上，加40%蔗糖溶液少许，以使胶面底部平整)，当加到玻璃管高度2/3时，在表面覆盖一层水。25℃聚合30~60min，使之凝聚，吸取表面水分。

(3)大孔胶(浓缩胶)制备　取一灯泡瓶按*V*(B液)∶*V*(D液)∶*V*(E液)∶*V*(F液)=1∶1.5∶1∶4的比例混合，抽气(同上)。加至分离胶上面约1cm高度，表面覆盖一层水，聚合20~30min，除去表面水分。

4. 加样

取血清5μL，加于白瓷板凹穴内。用0.1mL 20%蔗糖溴酚蓝溶液稀释。取50μL稀释好的样品沿管壁加于大孔胶上，将贴于凝胶管下端的胶布去掉。用甘氨酸-Tris缓冲液洗去残留蔗糖溶液并充以缓冲液(不能有气泡)，放入电泳槽缓冲液内。

5. 电泳

将pH 8.3甘氨酸-Tris缓冲液倒入电泳槽，阴极在上，阳极在下，把玻璃管插入电泳槽，上面用少量缓冲液覆盖，每管电流约3mA，开始电压为240V，待溴酚蓝至分离胶时，加大电压到360~400V，当溴酚蓝至凝胶下端时，电泳结束(2~3h)。电泳时要适当降温，缓冲液先放入冰箱预冷，或电泳槽下放冰。电泳完毕，取下玻璃管，用注射器沿玻璃管壁慢慢注入蒸馏水转动360°，用洗耳球小心地将凝胶压出。

6. 染色和洗脱

(1)将取下的胶条放入7%三氯乙酸(TCA)溶液中固定15min左右，用0.05%氨基黑10B溶液染色20min，7%乙酸浸泡过夜。如脱色过慢，可于1%乙酸中电泳脱色，电压40V，电流50mA，脱色完，可放7%乙酸中保存，血清蛋白在凝胶条上可分出十几条带。

(2)将取下的胶条放入12.5% TCA中，滴加数滴1%考马斯亮蓝G-250水溶液，过夜，7%乙酸保存。

【注意事项】

1. 分离胶聚合时间应控制在 30~60min，聚合过快使凝胶太脆易断裂，主要是 AP 或 TEMED 过量引起；聚合过慢甚至不聚合，可能是 AP 或 TEMED 用量不足或已失效。

2. 溴酚蓝在碱性溶液中呈蓝色，在酸性溶液中呈黄色，所以固定时间可以以凝胶条上溴酚蓝指示剂由蓝色变黄色而定。

3. 电极缓冲液可重复使用若干次，但上、下槽缓冲液不可以混淆，因下槽缓冲液中已混进催化剂及氯离子(快离子)，如将它当作上槽液就会影响电泳效果。为节约试剂，可将下槽缓冲液弃去，上槽缓冲液作为下槽缓冲液，可连续使用 2~3 次。

4. 实际应用时，常按样品的相对分子质量大小来选择适宜的凝胶浓度。不同浓度凝胶孔径不一样。例如：

蛋白质：

相对分子质量范围	适用的凝胶浓度
$<10^4$	20%~30%
$1\sim4\times10^4$	15%~20%
$4\times10^4\sim1\times10^5$	10%~15%
$1\times10^5\sim5\times10^5$	5%~10%
$>5\times10^5$	2%~5%

核酸：

相对分子质量范围	适用的凝胶浓度
$<10^4$	15%~20%
$4\times10^4\sim5\times10^5$	5%~10%
$5\times10^5\sim2\times10^6$	2%~2.6%

常用的标准凝胶是指浓度为 7.5% 的凝胶，大多数生物体内的蛋白质在此凝胶中电泳能得到满意的结果。当分析一个未知样本时，常先用 7.5% 的标准凝胶或用 4%~10%的凝胶梯度来测试，选出适宜的凝胶浓度。

5. Acr 及 Bis 都是神经性毒剂，对皮肤有刺激作用，应在通风橱内操作，操作者须戴医用乳胶手套。

【思考题】

1. 分别阐述分离胶和浓缩胶的作用。
2. 为什么要在样品中加入少许溴酚蓝和一定浓度的蔗糖溶液？
3. 欲使样品得到较好的分离效果，进行聚丙烯酰胺凝胶电泳时应注意哪些关键步骤？

实验十九 SDS-聚丙烯酰胺凝胶电泳法测定蛋白质的相对分子质量

一、实验目的

1. 学习SDS-聚丙烯酰胺凝胶电泳法测定蛋白质相对分子质量的原理。
2. 掌握SDS-聚丙烯酰胺凝胶电泳法测定蛋白质相对分子质量的操作方法。

二、实验原理

SDS(十二烷基磺酸钠)是一种阴离子表面活性剂。用SDS-聚丙烯酰胺凝胶电泳法测定蛋白质相对分子质量时，蛋白质需经样品溶解液处理。在样品溶解液中含有巯基乙醇及SDS，在巯基乙醇的作用下，蛋白质分子中的二硫键还原成巯基，SDS能使蛋白质分子中的氢键、疏水键打开并与蛋白质分子结合，由于十二烷基磺酸根带大量的负电荷，使各种蛋白质-SDS复合物都带上相同密度的负电荷，因而掩盖了不同种类蛋白质间原有的电荷差别。SDS与蛋白质结合后，还引起了蛋白质构象的改变，使不同的蛋白质-SDS复合物的短轴长度都一样，而长轴长度则随蛋白质的相对分子质量成正比地变化。因此，要测定某个蛋白质的相对分子质量，只需比较它和一系列已知相对分子质量的蛋白质在SDS-聚丙烯酰胺凝胶电泳中迁移率就可以了。

SDS-聚丙烯酰胺凝胶电泳有连续体系及不连续体系两种，这两种体系有各自的样品溶解液及缓冲液，但加样方式、电泳过程及固定、染色与脱色方法完全相同。

三、试剂与器材

1. 仪器

夹心式垂直板电泳槽，电泳仪(电压300~600V，电流50~100mA)，移液管(1mL，5mL，10mL)，烧杯(50mL，100mL)，细长头的滴管，1mL注射器及长针头，微量注射器(10μL或25μL)，大培养皿(直径120mm)，水浴锅。

2. 试剂

(1)标准蛋白质样品的制备 目前，国内外均有厂商生产低相对分子质量(14 400~97 400)及高相对分子质量(67 000~669 000)的标准蛋白质成套试剂盒，用于SDS-聚丙烯酰胺凝胶电泳测定未知蛋白质的相对分子质量。按标准蛋白质成套试剂盒的要求加样品溶解液处理。

(2)连续体系SDS-聚丙烯酰胺凝胶电泳有关试剂

①0.2mol/L pH 7.2磷酸盐缓冲液：取25.63g $Na_2HPO_4 \cdot 2H_2O$ 或51.58g $Na_2HPO_4 \cdot 12H_2O$(分析纯)，再称取7.73g $NaH_2PO \cdot H_2O$ 或8.74g $NaH_2PO_4 \cdot 2H_2O$(分析纯)，溶于重蒸水中并定容至1 000mL。

②样品溶解液：0.01mol/L pH 7.2磷酸盐缓冲液，内含1% SDS、1% 巯基乙醇、10%

甘油或40% 蔗糖及0.02% 溴酚蓝。用来溶解标准蛋白质及待测固体蛋白质样品。配制方法见表4-6。

表4-6 连续体系样品溶解液配制

SDS	巯基乙醇	甘油	溴酚蓝	0.2mol/L 磷酸盐缓冲液	加重蒸水至最后总体积为
100mg	0.1mL	1mL	2mg	0.5mL	10mL

注：如样品为液体，则应用浓1倍的样品溶解液，然后等体积混合。

③凝胶贮液：称取30g 丙烯酰胺(Acr)，0.8g 甲叉双丙烯酰胺(Bis)，加重蒸水定容至100mL，过滤后置棕色瓶，4℃贮存可用1~2个月。

④凝胶缓冲液：称取0.2g SDS，加0.2mol/L pH 7.2 磷酸盐缓冲液至100mL，4℃贮存，用前稍加温使SDS溶解。

⑤1% N,N,N',N'-四甲基乙二胺(TEMED)：取TEMED 1mL，加重蒸水至100mL，置棕色瓶内，4℃贮存。

⑥10%过硫酸铵(AP)溶液：称取1g AP，加重蒸水至10mL，此液应临用前配制，置棕色瓶内，4℃贮存。

⑦电极缓冲液(0.1% SDS，0.1mol/L pH 7.2 磷酸盐缓冲液)：称取1g SDS，加500mL 0.2mol/L pH 7.2 磷酸盐缓冲液，再用蒸馏水定容至1 000mL。

⑧1% 琼脂(糖)溶液：称取1g 琼脂(糖)，加100mL 上述电极缓冲液使其溶解，4℃贮存。

(3)不连续体系SDS-聚丙烯酰胺凝胶电泳有关试剂

①10% SDS 溶液：称取5g SDS，加重蒸水至50mL，微热使其溶解，置试剂瓶中，4℃贮存。SDS 在低温易析出结晶，用前微热，使其完全溶解。

②1% TEMED：取1mL TEMED，加重蒸水至100mL，置棕色瓶中，4℃贮存。

③10%过硫酸铵(AP)溶液：称取1g AP，加重蒸水至10mL。临用前配制。

④样品溶解液：内含1% SDS、1%巯基乙醇、40%蔗糖或20%甘油、0.02% 溴酚蓝、0.05 mol/L pH 8.0 Tris-HCl 缓冲液。

- 先配制0.05mol/L pH 8.0 Tris-HCl 缓冲液：称取0.6g Tris，加入50mL 重蒸水，再加入1mol/L HCl 溶液约3mL，调pH 值至8.0，最后用重蒸水定容至100mL。
- 按表4-7 配制样品溶解液。

表4-7 不连续体系样品溶解液配制

SDS	巯基乙醇	溴酚蓝	蔗糖	0.05mol/L Tris-HCl	加重蒸水至最后总体积为
100mg	0.1mL	2mg	4g	2mL	10mL

注：如样品为液体，则应用浓1倍的样品溶解液，然后等体积混合。

⑤凝胶贮液：

- 分离胶贮液：配制方法与连续体系相同。称取30g Acr 及0.8g Bis，溶于重蒸水中，最后定容至100mL，过滤后置棕色试剂瓶中，4℃贮存。
- 浓缩胶贮液：称取10g Acr 及0.5g Bis，溶于重蒸水中，最后定容至100mL，过滤后置棕色试剂瓶中，4℃贮存。

⑥凝胶缓冲液：

• 分离胶缓冲液(30mol/L pH 8.9 Tris-HCl 缓冲液)：称取 36.3g Tris，加少许重蒸水使其溶解，再加 1mol/L HCl 溶液约 48mL，调 pH 值至 8.9，最后加重蒸水定容至 100mL，4℃贮存。

• 浓缩胶缓冲液(0.5mol/L pH 6.7 Tris-HCl 缓冲液)：称取 6.0g Tris，加少许重蒸水使其溶解，再加 1mol/L HCl 溶液约 48mL 调 pH 值至 6.7，最后用重蒸水定容至 100mL，4℃贮存。

⑦电极缓冲液(内含 0.1% SDS、0.05mol/L Tris、0.384mol/L pH 8.3 甘氨酸缓冲液)：称取 6.0g Tris，28.8g 甘氨酸，加入 1g SDS，加蒸馏水使其溶解后定容至 1 000mL。

⑧1%琼脂(糖)溶液：称取 1g 琼脂(糖)，加电极缓冲液 100mL，加热使其溶解，4℃贮存，备用。

(4)固定液　取 50%甲醇溶液 454mL，冰乙酸 46mL 混匀。

(5)染色液　称取 0.125g 考马斯亮蓝 R250，加上述固定液 250mL，过滤后应用。

(6)脱色液　冰乙酸 75mL、甲醇 50mL，加蒸馏水定容至 1 000mL。

四、操作步骤

(一) 安装夹心式垂直板电泳槽

用细头长滴管吸取已熔化的 1%琼脂(糖)溶液，封住玻璃板下端与硅胶模间的缝隙。加琼脂(糖)溶液时，应防止气泡进入。琼脂(糖)溶液用连续体系或不连续体系电极缓冲液配制。

(二) 配胶及凝胶板的制备

1. 配胶

根据所测蛋白质相对分子质量范围，选择适宜的分离胶浓度。由于 SDS-聚丙烯酰胺凝胶电泳有连续系统及不连续系统两种，两者间有不同的缓冲系统，因而有不同的配制方法，见表 4-8 和表 4-9。

2. 凝胶板的制备

(1) SDS-不连续体系凝胶板的制备

①分离胶的制备：按表 4-8 配制 20mL 10%的分离胶，混匀后用细长头滴管将凝胶液加至长、短玻璃板间的缝隙内，注胶过程中应防止气泡产生，胶加到距玻璃板顶部 2cm 处，用 1mL 注射器取少许蒸馏水，沿长玻璃板板壁缓慢注入，3~4mm 高，以进行水封。约 30min 后，凝胶与水封层间出现折射率不同的界线，则表示凝胶完全聚合。倾去水封层的蒸馏水。再用滤纸条吸去多余水分。

②浓缩胶的制备：按表 4-8 配制 10mL 3%的浓缩胶，混匀后用细长头滴管将浓缩胶加到已聚合的分离胶上方，直至距离短玻璃板上缘约 0.5cm 处，轻轻将样品槽模板梳插入浓缩胶内，约 30min 后凝胶聚合，再放置 20~30min，使凝胶“老化”。小心拔去样品槽模板梳，用窄条滤纸吸去样品凹槽中多余的水分，将 pH 8.3 电极缓冲液倒入上、下贮槽中，

应没过短板约0.5cm以上，即可准备加样。

(2)SDS-连续体系凝胶板的制备　按表4-9配制20mL所需浓度的分离胶，用细长头滴管将分离胶混合液加到两块玻璃板的缝隙内直至距离短玻璃板上缘0.5cm处，插入样品槽模板梳。为防止渗漏，可在上、下电极槽中加入蒸馏水，但不能超过短板，以防凝胶被稀释，约30min，凝胶聚合，继续放置10~30min后，倒去上、下电极槽中的蒸馏水，小心拔出样品槽模板梳，用窄条滤纸吸去残余水分，注意不要弄破凹形加样槽的底面。倒入电极缓冲液即可进行预电泳或准备加样。

表4-8　SDS-聚丙烯酰胺凝胶电泳不连续体系凝胶配制　mL

试剂名称	配制20mL不同浓度分离胶所需各种试剂用量				配制10mL 3%浓缩胶所需试剂用量
	5%	7.5%	10%	15%	
分离胶贮液 30% Acr-0.8% Bis	3.33	5.00	6.66	10.00	—
分离胶缓冲液 pH 8.9 Tris-HCl	2.50	2.50	2.50	2.50	—
浓缩胶贮液 10% Acr-0.5% Bis	—	—	—	—	3.00
浓缩胶缓冲液 pH 6.7 Tris-HCl	—	—	—	—	1.25
10% SDS	0.20	0.20	0.20	0.20	0.10
1% TEMED	2.00	2.00	2.00	2.00	1.00
重蒸馏水	11.87	10.20	8.54	5.20	4.60
10% AP	0.10	0.10	0.10	0.10	0.05

表4-9　SDS-聚丙烯酰胺凝胶电泳连续体系凝胶配制　mL

试剂名称	配制20mL不同浓度分离胶所需各种试剂用量		
	5%	7.5%	10%
凝胶贮液 30% Acr-0.8% Bis	3.33	5.00	6.66
0.2mol/L pH 7.2磷酸缓冲液(内含0.2% SDS)	10.00	10.00	10.00
1% TEMED	2.00	2.00	2.00
重蒸馏水	4.57	2.90	1.23
10% AP	0.10	0.10	0.10

注：电极缓冲液为0.1mol/L pH 7.2磷酸缓冲液，内含0.1% SDS。

(三) 样品的处理与加样

1. 样品的处理

根据标准蛋白质成套试剂盒的要求加样品溶解液，如上海东风生化试剂厂生产的低相对分子质量标准蛋白试剂盒，每一安瓿则需加入200μL样品溶解液。未知样品，按每0.5~1mg加1mL样品溶解液，溶解后，将其转移到带塞小离心管中，轻轻盖上盖子(不要塞紧以免加热时迸出)，在100℃沸水浴中保温3min，取出冷却后加样。如处理好的样品暂时不用，可放入在-10℃冰箱保存较长时间，使用前在100℃沸水中加热3min，以除去亚稳态聚合。

2. 加样

一般每个凹形样品槽内，只加一种样品或已知相对分子质量的混合标准蛋白质，加样体积要根据凝胶厚度及样品浓度灵活掌握，一般加样体积为10~15μL(即2~10μg蛋白)。如样品较稀，加样体积可达100μL。如样品槽中有气泡，可用注射器针头挑除。加样时，将微量注射器的针头通过电极缓冲液伸入加样槽内，尽量接近底部，轻轻推动微量注射器，注意针头勿碰破凹形凝胶面。由于样品溶解液中含有密度较大的蔗糖或甘油，因此样品溶液会自动沉降在凝胶表面形成样品层。

(四) 电泳

分离胶聚合后是否进行预电泳则应根据需要而定，SDS连续系统预电泳采用30mA，60~120min。

1. 连续系统

在电极槽中倒入0.1% SDS 0.1mol/L pH 7.2磷酸盐缓冲液，连接电泳仪与电泳槽，上槽接负极，下槽接正极。打开电源，将电流调至20mA，待样品进入分离胶后，将电流调至50mA，待染料前沿迁移至距硅橡胶框底边1~1.5cm处，停止电泳，一般需1~2h。

2. 不连续系统

在电极槽中倒入pH 8.3 Tris-HCl电极缓冲液，内含0.1% SDS即可进行电泳。在制备浓缩胶后，不能进行预电泳，因为预电泳会破坏pH值环境，如需预电泳只能在分离胶聚合后，并用分离胶缓冲液进行。预电泳后将分离胶面冲洗干净，然后才能制备浓缩胶。电泳条件也不同于连续SDS-聚丙烯酰胺凝胶。开始时电流为10mA左右，待样品进入分离胶后，改为20~30mA，当染料前沿距硅橡胶框底边1.5cm时，停止电泳，关闭电源。

(五) 凝胶板剥离与固定

电泳结束后，取下凝胶模，卸下硅橡胶框，用启胶板橇开短玻璃板，在凝胶板切下一角作为加样标志，在两侧溴酚蓝染料区带中心，插入细铜丝作为前沿标记。将凝胶板放在大培养皿内，加入固定液，固定过夜。

(六) 染色与脱色

将染色液倒入培养皿中，染色1h左右，用蒸馏水漂洗数次，再用脱色液脱色，直到蛋白质区带清晰，即可计算相对迁移率。

(七) 绘制标准曲线

将盛放凝胶的大培养皿放在一张坐标纸上。量出加样端距细铜丝间的距离(cm)以及各蛋白质样品区带中心与加样端的距离(cm)，如图 4－2 所示。按下式计算相对迁移率(m_R)：

$$m_R = \frac{\text{蛋白样品距加样端迁移距离(cm)}}{\text{溴酚蓝区带中心距加样端距离(cm)}}$$

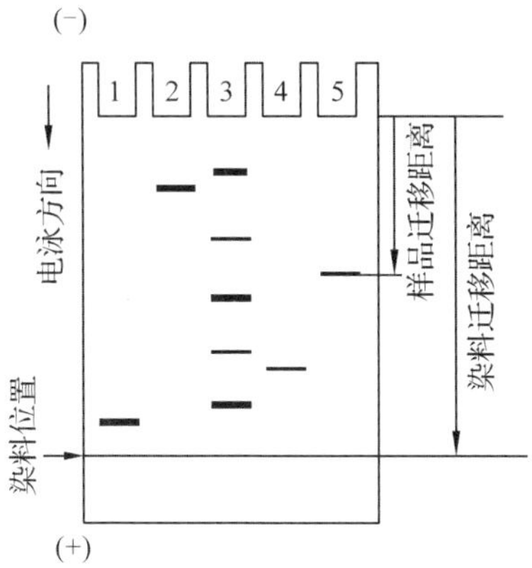

图 4－2　样品及标准蛋白在连续 SDS-聚丙烯酰胺分离示意图

样品槽 1，2，4，5 为待测样品，样品槽 3 自(－)极至(+)极分别为相对分子质量由大到小的已知相对分子质量的几种蛋白质

以标准蛋白质的相对迁移率为横坐标，以标准蛋白质相对分子质量的对数为纵坐标作图，得到一条标准曲线。根据未知蛋白质样品相对迁移率可直接在标准曲线上查出其相对分子质量的对数值，求其反对数即可得出未知蛋白质样品的相对分子质量。

【注意事项】

1. SDS 纯度：在 SDS-聚丙烯酰胺凝胶电泳中，需高纯度的 SDS，市售化学纯 SDS 需重结晶一次或两次方可使用。重结晶方法如下：称取 20g SDS 放在圆底烧瓶中，加 300mL 无水乙醇及约半牛角匙活性炭，在烧瓶上接一冷凝管，在水浴中加热至乙醇微沸，回流约 10min，用热布氏漏斗趁热过滤。滤液应透明，冷却至室温后，移至-20℃冰箱中过夜。次日用预冷的布氏漏斗抽滤，再用少量-20℃预冷的无水乙醇洗涤白色沉淀 3 次，尽量抽干，将白色结晶置真空干燥器中干燥或置 40℃以下的烘箱中烘干。

2. SDS 与蛋白的结合量：当 SDS 单体浓度在 1mmol/L 时，1g 蛋白质可与 1.4g SDS 结合才能生成 SDS-蛋白复合物。巯基乙醇可使蛋白质间的二硫键还原，使 SDS 易与蛋白质结合。样品溶解液中，SDS 的浓度至少比蛋白质的量高 3 倍，低于这个比例，可能影响样品的迁移率，因此，SDS 用量约为样品量 10 倍以上。此外，样品溶解液应采用低离子强度，最高不超过 0.26，以保证在样品溶解液中有较多的 SDS 单体。在处理蛋白质样品时，每次都应在沸水浴中保温 3~5min，以免有亚稳聚合物存在。

3. 凝胶浓度：应根据未知样品的估计相对分子质量，选择凝胶浓度。相对分子质量在 25 000~200 000 的蛋白质选用终浓度为 5%的凝胶，相对分子质量在 10 000~70 000 的蛋白质选用终浓度为 10%的凝胶；相对分子质量在 10 000~50 000 的蛋白选用终浓度为 15%的凝胶，在此范围内样品相对分子质量的对数与迁移率呈直线关系。以上各种凝胶浓度其交联度都应是2.6%。

标准蛋白质的相对迁移率最好在0.2~0.8之间均匀分布。值得指出的是，每次测定未知物相对分子质量时，都应同时用标准蛋白制备标准曲线，而不是利用过去的标准曲线。用此法测定的相对分子质量只是它们的亚基或单条肽链的相对分子质量，而不是完整的相对分子质量。为测得精确的相对分子质量范围，最好用其他测定蛋白质相对分子质量的方法加以校正。此法对球蛋白及纤维状蛋白的相对分子质量测定较好，对糖蛋白、胶原蛋白等相对分子质量测定差异较大。

4. 对样品的要求：应采纳低离子强度的样品。如样品中离子强度高，则应透析或经离子交换除盐。加样时，应保持凹形加样槽胶面平直。加样量以10~15μL为宜，如样品系较稀的液体状。为保证区带清晰，加样量可增加，同时应将样品溶解液浓度提高2倍或更高。

5. 由于凝胶中含SDS，直接制备干板会产生龟裂现象。如需制干板，则用25%异丙醇(内含7%乙酸)浸泡，并经常换液，直至SDS脱尽(需2~3d)，才可按聚丙烯酰胺法制备干板。为方便起见，常采用照相法，保存照片。

【思考题】

1. 简述SDS-聚丙烯酰胺凝胶电泳法测定蛋白质的相对分子质量的原理。
2. 做好本实验的关键是什么？

实验二十　凝胶过滤法测定蛋白质相对分子质量

一、实验目的

1. 学习凝胶过滤法的原理及其应用。
2. 通过测定蛋白质相对分子质量的训练，初步掌握凝胶过滤技术。

二、实验原理

凝胶过滤法操作方便，设备简单，周期短，重复性能好，而且条件温和，一般不引起生物活性物质的变化，广泛应用于分离、提纯、脱盐、浓缩生物大分子、去热源以及测定高分子物质的相对分子质量。本实验就是利用葡聚糖凝胶过滤法测定蛋白质相对分子质量。

葡聚糖凝胶是由一定平均相对分子质量的葡聚糖(右旋糖)和甘油基以醚桥相互交联形成的三维空间网状结构，是一种呈多孔的不溶于水的物质。通过控制交联剂环氧氯丙烷和葡聚糖的配比，以及交联时的反应条件可获得不同交联度的葡聚糖。交联程度越大，孔隙越小。孔隙的大小决定了被分离物质能够自由出入凝胶内部的相对分子质量的范围。它们可分离的相对分子质量(M_r)从几百到数千万不等。

交联度以 G 表示。G 越小，交联度越大，吸水量也越小。由表 4－10 即可看出。

表 4－10　葡聚糖(Sephadex)的技术数据

型号	分离范围(M_r)		得水值	床体积	最小溶胀时间/h	
	多糖	肽与蛋白质	/(g/g 干胶)	/(mL/g 干胶)	室温	沸水浴
G－10	<700	<700	1.0±0.1	2~3	3	1
G－15	<1 500	<1 500	1.5±0.2	2.5~3.5	3	1
G－25	700~5 000	1 000~5 000	2.5±0.2	4~6	6	2
G－50	500~10 000	1 500~30 000	5.0±0.3	9~11	6	2
G－75	1 000~50 000	3 000~70 000	7.5±0.5	12~15	24	3
G－100	1 000~100 000	4 000~150 000	10.0±1.0	15~20	48	5
G－150	1 000~150 000	5 000~400 000	15±1.5	20~30	72	5
G－200	1 000~200 000	5 000~800 000	20±2.0	30~40	72	5

由于交联葡聚糖的三维空间网状结构，小分子能够进入凝胶，较大的分子则被排阻在交联网状物之外，因此各组分在层析床中移动的速度因分子的大小而不同，相对分子质量大的物质只是沿着凝胶颗粒间的孔隙随溶剂流动，其流程短，移动速度快，先流出层析床。相对分子质量小的物质可以透入凝胶颗粒，流程长，移动速度慢，迟流出层析柱，从而使相对分子质量不同的物质得以分离。

1g 干重凝胶充分溶胀时所需要的水量(mL)称为凝胶的得水值(W_r)。因为得水值不易测定，故常用溶胀度及床体积来表示凝胶的得水性，其定义是每克干重凝胶颗粒在水中充分溶胀后所具有的凝胶总体积。

凝胶柱的总体积(总床体积) V_t，是干胶体积 V_g 在凝胶颗粒内部的水的体积 V_i 及凝胶颗粒外部的水的体积 V_o 之和。即：

$$V_t = V_o + V_i + V_g$$

V_t 也可以从柱的直径及高度计算。

V_o 也称外水体积。通常用洗脱一个已知完全被排阻的物质(如蓝色葡聚糖 2000)的方法来测定，此时其洗脱体积就等于 V_o。

V_i 称为内部体积或内水体积，可以从凝胶干重(W)和得水值(W_r)计算：$V_i = W \times W_r$。V_i 也可以从洗脱一个小于凝胶工作范围下限的小分子化合物，如铬酸钾来测定，其洗脱体积等于 $V_o + V_i$。

某一物质的洗脱体积 V_e 为： $V_e = V_o + K_d \times V_i$

K_d 为溶质在流动相和固定相之间的分配比例(分配系数)，每一溶质都有特定的 K_d 值，它与层析柱的几何形状无关。

根据上式可得： $K_d = (V_e - V_o) / V_i = (V_e - V_o) / (W \times W_r)$

如果分子完全被排阻，则 $K_d = 0$，$V_e = V_o$。如果分子可以完全进入凝胶，那么 $K_d = 1$，$V_e = V_o + V_i$。在通常的工作范围内 K_d 是一个常数($0 < K_d < 1$)，有时 K_d 可能大于 1，则说明发生了凝胶对溶质的吸附。

溶质的洗脱特征的有关参数(V_e/V_o，V_e/V_t，K_d)都与溶质相对分子质量对数呈线性关系，先洗脱几个已知相对分子质量的球蛋白，用 V_e/V_o 对 $\lg M_r$ 作图(图 4-3)，然后在同样条件下洗脱未知样品，从其 V_e/V_o 值，在图上即可找出相对应的 $\lg M_r$，从而进一步算出相对分子质量。

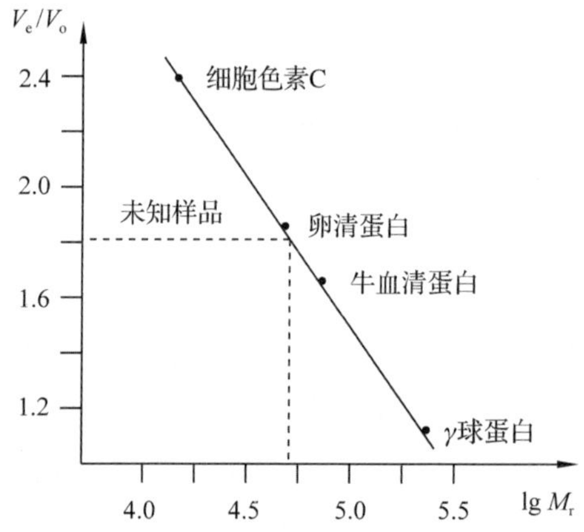

图 4-3 洗脱特征与相对分子质量的关系

不同规格的凝胶都有其一定的工作范围。一般来说，在工作范围内所得的曲线是线性的，超出工作范围曲线就不呈线性。

三、试剂与器材

1. 仪器

层析柱，恒压瓶，部分收集器，紫外可见分光光度计，细长滴管，锥形瓶，内径稍小于层析柱的长玻璃管，玻璃棒，电子天平(感量 0.001g)，移液管，水浴锅。

2. 材料

标准样品(细胞色素 C，卵清蛋白，牛血清蛋白，白蛋白，γ-球蛋白)，未知样品，核糖核酸酶。

3. 试剂

(1)葡聚糖凝胶 G-200。

(2) 0.9% NaCl 溶液。

(3) 蓝色葡聚糖 2000。

四、操作步骤

1. 凝胶溶胀

根据预计的总床体积和所用干胶的床体积，称出所需干凝胶，放入 250mL 锥形瓶中，并根据其得水值加入适当的蒸馏水(水略多一些)，然后置于沸水浴中煮沸 5h，冷却至室温备用。装柱前将溶胀的凝胶减压抽气 10min 以除尽气泡。

2. 装柱

取洁净的层析柱垂直固定在铁架台上，在柱内先注入 1/5~1/4 的水，再插入一根直径稍小的长玻璃管，一直到柱的底部，然后轻轻搅动凝胶(切勿搅动太快，以免空气再进入)，使其形成均一的薄胶浆，并立即沿玻璃棒倒入长玻璃管内，待凝胶开始沉降时打开出口，并缓缓提起长玻璃管。然后一边灌凝胶，一边提升玻璃管(长玻璃管的作用是可以减少器壁效应以使柱装得比较均匀)，直至液体充满整个柱时再将玻璃管抽出。柱要一次装完，不能间歇。如抽出玻璃管后凝胶尚未倒完，则不待凝胶完全沉降形成胶面时就吸出上部清液；用玻璃棒轻轻搅动上部凝胶，再继续加入凝胶，如此重复，直至完全装好为止，待凝胶沉降后放置 15~20min，与盛有 0.9% NaCl 溶液的恒压洗脱瓶连接，开始流动平衡。此时流速不能太大，必须低于层析时所需的速度，在平衡过程中逐渐增加到层析时的速度。一般用 3~5 倍总床体积的洗脱液流过柱就可以了。

3. 柱的检验及测定外水体积

称取 2~3mg 蓝色葡聚糖 2000 溶于 0.4mL 0.9% NaCl 溶液中。将凝胶床面上的液体吸掉，面上留下一些液体从柱的出口流出。等到凝胶床面上的液体正好流干时，用滴管将蓝色葡聚糖加到凝胶床面上，注意不要破坏床面。要从床面中央开始加，逐渐转到外围，要避免沿柱壁滴加，以免样品从柱壁滑下(加完后如不够均匀，可用玻璃棒浅浅地、缓缓地搅动床面)，等到流干后再加 0.9% NaCl 溶液，使床面上液体高度不小于 5cm。这样滴入洗脱液时不会冲动凝胶床面，然后连接洗脱瓶进行洗脱。同时用部分收集器收集洗脱液(上完样后立即开始收集)，流速控制在 1mL/(2~3) min。注意观察蓝色区带向下移动的情况，如前沿平齐，区带均匀，说明柱是均匀的，可以使用。

在蓝色葡聚糖全部流出柱后，用 610nm 波长测定各管的吸收度，其洗脱体积(至峰值管的洗脱液体积)即为柱的外水体积。

4. 标准曲线的制作

称取细胞色素 C、卵清蛋白、牛血清蛋白及 γ-球蛋白各 2~3mg，把它们分别溶于 0.4~0.5mL 0.9% NaCl 溶液中，然后如同洗脱蓝色葡聚糖那样分别上样、洗脱、收集，并用 230nm 波长测定吸收度(细胞色素 C 也可用 410nm 波长测定)。求出 V_e。如用 280nm 波长测定吸收度，则样品应用 5mg。绘制洗脱曲线，算出每种蛋白质的 V_e/V_o，然后以 V_e/V_o 对 $\lg M_r$ 作图。

5. 未知样品的测定

称取 2~3mg 未知样品，溶于 0.4~0.5mL 0.9% NaCl 溶液中。用同样方法，测出其

V_e，计算 V_e/V_o，再在图上找出对应的 $\lg M_r$ 值，从而求出 M_r。

【注意事项】

交联葡聚糖分子含有大量的羟基，极性很强，易吸水，所以使用前必须用水充分溶胀。

【思考题】

1. 简述凝胶过滤法的原理。
2. 为什么在过滤中洗脱速度不能过快或过慢？

实验二十一　IgG 葡聚糖凝胶过滤脱盐

一、实验目的

1. 学习凝胶层析的工作原理和操作方法。
2. 熟练掌握利用葡聚糖凝胶层析技术进行蛋白质脱盐。

二、实验原理

凡盐析所获得的粗制蛋白质(如盐析得到的 IgG)中均含有硫酸铵等盐类，这将影响以后的纯化，所以纯化前均应除去，此过程称为“脱盐”。实验中常用葡聚糖凝胶层析进行蛋白质脱盐，其基本原理是利用被分离物质分子大小不同及固定相(葡聚糖凝胶)具有分子筛的特点，将被分离物质各成分按分子大小分开，达到分离的目的。葡聚糖凝胶可分离的分子质量大小从几百到数十万。脱盐常选用 Sephadex G-25。

三、试剂与器材

1. 仪器

5cm×20cm 层析柱，滴定台架，螺丝夹，试管，试管架，移液管，烧杯，滴管，洗耳球，洗脱瓶，移液管架，玻璃棒，黑比色盘，白比色盘。

2. 材料

盐析所得 IgG。

3. 试剂

(1)Sephadex G-25。

(2)0. 017 5mol/L pH 6. 7 磷酸盐缓冲液。

(3)20%磺基水杨酸溶液。

(4)奈氏(Nessler)试剂　向 500mL 锥形瓶内加入 150g KI、110g 碘、150g 汞及蒸馏水 100mL。用力振荡 7~15min，至碘的棕色开始发生转变，混合液温度升高，将此瓶浸于冷水内继续振荡，直到棕色的碘转变为带绿色的碘化钾汞液为止。将上清液倾入 2 000mL 量筒内，加蒸馏水至 2 000mL，混匀备用。应用时取母液 150mL，加 10% NaOH 溶液 700mL、蒸馏水 150mL，混匀即可。若发生混浊，可静置 1d，取上清液使用。

四、操作步骤

(1)取 1 支层析柱(1. 5cm×20cm)，垂直固定在支架上，关闭下端出口。将已经溶胀好的 Sephadex G-25 中的水倾倒出去，加入 2 倍体积的 0. 017 5mol/L pH 6. 7 磷酸盐缓冲液，并搅拌成悬浮液，随后灌柱。打开柱的下端出口，继续加入搅匀的 Sephadex G-25，使凝胶自然沉降高度为 17cm 左右，关闭出口。待凝胶柱形成后，在洗脱瓶中加入 0. 017

5mol/L pH 6.7 磷酸盐缓冲液以 3 倍柱体积的磷酸盐缓冲液流过凝胶柱，以平衡凝胶。

(2)凝胶平衡后，用皮头滴管除去凝胶柱面的溶液，将盐析所得全部 IgG 样品加到凝胶柱表面，打开柱下口，控制流速让 IgG 样品溶液缓慢浸入凝胶内。凝胶柱面上加一层 0.017 5mol/L pH 6.7 磷酸盐缓冲液，并用此缓冲液进行洗脱，控制洗脱速度为 0.5mL/min 左右。用试管收集洗脱液，每管 10~15 滴。

(3)在开始收集洗脱液的同时检查蛋白质是否开始流出。为此，从每支收集管中取出 1 滴溶液置于黑比色盘中，加入 1 滴 20%磺基水杨酸，若呈现白色絮状沉淀即证明已有蛋白质出现，直到检查不出白色沉淀时，停止收集洗脱液。

(4)由经检查含有蛋白质的每管中，取 1 滴溶液，放置在白比色盘中，加入 1 滴奈氏试剂，若呈现棕黄色沉淀，说明它含有硫酸铵，合并检查后不含硫酸铵的各管收集液，即为脱盐后的 IgG。

【注意事项】

在检测时，用皮头滴管吸取管中溶液后应及时洗净，再吸取下一管，以免造成相互污染假象。

【思考题】

1. 利用凝胶层析分离混合物时，怎样才能得到较好的分离效果？
2. 除葡聚糖凝胶过滤脱盐外，还有哪些方法可进行蛋白质脱盐？

第五章　核　酸

实验二十二　离子交换柱层析分离核苷酸

一、实验目的

1. 学会用离子交换层析分离混合核苷酸。

2. 了解离子交换柱层析的工作原理及操作技术。

二、实验原理

各种核苷酸分子结构不同，在同一 pH 值时与离子交换树脂的亲和力有差异，因此可依亲和力从小到大的顺序被洗脱液洗脱下来，达到分离的效果。

在离子交换柱层析中，分配系数或平衡常数(K_d)是一个重要的参数：

$$K_d = c_s / c_m$$

式中：c_s——某物质在固定相(交换剂)上的摩尔浓度；

c_m——该物质在流动相中的摩尔浓度。

可以看出，与交换剂的亲和力越大，c_s 越大，K_d 值也越大。各种物质 K_d 值差异的大小决定了分离的效果。差异越大，分离效果越好。影响 K_d 值的因素很多，如被分离物带电荷多少、空间结构因素、离子交换剂的非极性亲和力大小、温度高低等。

混合核苷酸可以用阳离子或阴离子交换树脂进行分离。本实验采用聚苯乙烯-二乙烯苯，三甲胺季铵碱型粉末阴离子树脂(201×8)分离 4 种核苷酸。通过测定核苷酸的光密度比值(OD_{250}/OD_{260}、OD_{280}/OD_{260} 和 OD_{290}/OD_{260})，对照标准比值，可以确定其为何种核苷酸，同时也能算出 RNA 中各核苷酸的含量。

三、试剂与器材

1. 仪器

层析柱，电磁搅拌器，部分收集器，紫外分光光度计，漩涡混合器，紫外监测仪，台式离心机，水浴锅，玻璃滴管，滤纸。

2. 材料

酵母 RNA。

3. 试剂

(1)强碱型阴离子交换树脂(201×8)　聚苯乙烯-二乙烯苯，三甲胺季铵碱型，全交换量大于 3mmol/g 干树脂，粉末型 100~200 目。

(2)1mol/L 甲酸溶液。

(3)0.02mol/L 甲酸溶液。

(4)0.15mol/L 甲酸溶液。

(5)1mol/L 甲酸钠溶液。

(6)0.01mol/L 甲酸-0.05mol/L 甲酸钠溶液(pH=4.44)。

(7)0.1mol/L 甲酸-0.1mol/L 甲酸钠溶液(pH=3.74)。

(8)0.3mol/L KOH 溶液。

(9)2mol/L 过氯酸溶液。

(10)2mol/L NaOH 溶液。

四、操作步骤

1. RNA 的水解

称取 20mg 酵母 RNA，溶于 2mL 0.3mol/L KOH 溶液中，于 37℃水浴中保温水解 20h。然后用 2mol/L 过氯酸溶液调至 pH 2 以下，再以 4 000r/min 离心 15min，取上清液，用 2mol/L NaOH 溶液调至 pH 8~9，作样品液备用。

2. 离子交换层析柱的装柱方法

离子交换层析柱可使用内径约 1cm、长 20cm 的层析柱，柱下端橡皮塞中央插入一玻璃滴管以收集流出液，橡皮塞上盖以尼龙网和薄绢以防离子交换树脂流出。层析柱固定在铁架台上，调成垂直。

将经过处理的离子交换树脂一次性加入柱内，使树脂自由沉降至柱底，用一小片圆滤纸盖在树脂面上。缓缓放出液体使液面降到滤纸片下树脂面上(使树脂最后沉降的高度 7~8cm)。注意：在装柱和以后使用层析柱的过程中，切勿干柱，树脂不能分层，树脂面要低于液面，以防气泡进入树脂内部，影响分离效果。

3. 加样

将 RNA 水解液，沿柱壁小心加到树脂表面，使样品液面下降至滤纸片内时，用 50mL 蒸馏水洗柱，以除去不被阴离子交换树脂吸附的碱基、核苷等杂质。

4. 核苷酸混合物的洗脱

用蒸馏水洗至流出液在 260nm 波长处的光密度值低于 0.020 时，再依次用下列洗脱液进行梯度洗脱：500mL 0.020mol/L 甲酸溶液；500mL 0.15mol/L 甲酸溶液；500mL 0.01mol/L 甲酸-0.05mol/L 甲酸钠溶液；500mL 0.1mol/L 甲酸-0.1mol/L 甲酸钠溶液。控制流速为 0.8~1.0mL/min，用部分收集器收集洗脱液，每管收 8mL。

5. 分析检测

以相应的洗脱剂作为空白对照，用紫外分光光度计测定各管洗脱收集液在 260nm 的光密度值，以洗脱液体积(或管数)为横坐标，光密度值为纵坐标，得到 RNA 水解产物曲线图。

测定各收集部分核苷酸在不同波长时的光密度比值(OD_{250}/OD_{260}、OD_{280}/OD_{260} 和 OD_{290}/OD_{260})，根据其比值，对照标准比值(表 5-1)以及洗脱时的相对位置，即可确定其为何种核苷酸。由洗脱液的体积和它们的光密度值，可计算 RNA 中各种核苷酸的含量(依据表 5-1 中摩尔消光系数计算)。

表 5-1 4 种核苷酸的部分常数

核苷酸	相对分子质量	异构体	摩尔消光系数 ($E_{260}\times10^{-3}$ μL)		紫外吸收光谱性质(光密度比值)					
					OD_{250}/OD_{260}		OD_{280}/OD_{260}		OD_{290}/OD_{260}	
			pH 2	pH 7	pH 2	pH 7	pH 2	pH 7	pH 2	pH 7
AMP	347. 2	2′	14. 5	15. 3	0. 85	0. 8	0. 23	0. 15	0. 038	0. 009
		3′	14. 5	15. 3	0. 85	0. 8	0. 23	0. 15	0. 038	0. 009
		5′	14. 5	15. 3	0. 85	0. 8	0. 22	0. 15	0. 03	0. 009
GMP	363. 2	2′	12. 3	12. 0	0. 90	1. 15	0. 68	0. 68	0. 48	0. 285
		3′	12. 3	12. 0	0. 90	1. 15	0. 68	0. 68	0. 48	0. 285
		5′	11. 6	11. 7	1. 22	1. 15	0. 68	0. 68	0. 40	0. 28
CMP	323. 2	2′	6. 9	7. 75	0. 48	0. 86	1. 83	0. 86	1. 22	0. 26
		3′	6. 6	7. 6	0. 46	0. 84	2. 00	0. 93	1. 45	0. 30
		5′	6. 3	7. 4	0. 46	0. 84	2. 10	0. 99	1. 55	0. 30
UMP	324. 2	2′	9. 9	9. 9	0. 79	0. 85	0. 30	0. 25	0. 03	0. 02
		3′	9. 9	9. 9	0. 74	0. 83	0. 33	0. 25	0. 03	0. 02
		5′	9. 9	9. 9	0. 74	0. 73	0. 38	0. 40	0. 03	0. 03

【注意事项】

样品不易过浓，洗脱的流速不宜过快，洗脱液的 pH 值要严格控制。否则将使吸附不完全，洗脱峰平坦而使各核苷酸分离不清。

【思考题】

1. 何为梯度洗脱？它有何特点？
2. 为什么混合核苷酸会从树脂上逐个洗脱下来？

实验二十三 酵母 RNA 的提取——浓盐法

一、实验目的

学习和掌握从酵母中提取 RNA 的原理和方法，以加深对核酸性质的认识。

二、实验原理

酵母含 RNA 2.67%～10.0%，DNA 很少(0.03%～0.516%)，而且菌体容易收集，RNA 也容易分离，所以选用酵母为实验材料。

在加热条件下，利用较高的盐浓度改变细胞膜透性，使 RNA 蛋白释放出来，用离心的方法将菌体除去。根据核酸在等电点时溶解度最小的性质，调节 pH 值至 2.0 左右，使 RNA 沉淀出来，加入乙醇洗涤除去可溶性脂类，提高纯度。

另外，在 RNA 提取过程中避免在 20～70℃温度范围内停留时间过长，因为这是磷酸单酯酶和磷酸二酯酶作用的温度范围，会使 RNA 降解，而降低提取率。

三、试剂与器材

1. 仪器

量筒(50mL)，锥形瓶(100mL)，烧杯(100mL，500mL)，布氏漏斗，吸滤瓶，电子天平，表面皿，分光光度计，离心机，水浴锅，恒温干燥箱。

2. 材料

干酵母粉。

3. 试剂

(1) NaCl。

(2) 6mol/L HCl 溶液。

(3) 95%乙醇溶液。

四、操作步骤

1. 提取

称取 2.5g 干酵母粉，倒入 100mL 锥形瓶中，加 2.5g NaCl 和蒸馏水 25mL，搅拌均匀，置于沸水浴中提取 30min。在此过程中配制相同浓度的 NaCl 溶液，沸水浴结束后分 2 次洗涤锥形瓶。

2. 分离

将上述提取液用自来水冷却后，装入离心管内，以 4 000r/min 离心 10min，使提取液与菌体残渣等分离。

3. 沉淀 RNA

将离心得到的上清液倾于 100mL 烧杯内，并置入放有冰块的 500mL 烧杯中冷却，待冷至10℃以下时，用6mol/L HCl溶液小心地调节pH值至2.0左右(注意严格控制pH值)。调好后继续于冰水中静置10min，使沉淀充分，颗粒变大。

4. 洗涤和抽滤

上述悬液以4 000r/min离心10min得到RNA沉淀。将沉淀物用95%乙醇溶液10mL充分搅拌洗涤，然后在布氏漏斗上抽滤，再用95%乙醇溶液10mL淋洗1次。

5. 干燥

从布氏漏斗上取下沉淀物，放在表面皿上，铺成薄层，于80℃恒温干燥箱内干燥。将干燥后的RNA制品称重(差量法)，存放于干燥器内。

五、结果处理

1. 含量测定

将干燥后RNA产品配制成浓度为20μg/mL的溶液，在分光光度计上测定其260nm波长处的吸光度，按下式计算RNA含量：

$$\text{RNA 含量} = \frac{A_{260}}{0.024 \times L} \times \frac{\text{RNA 溶液总体积(mL)}}{\text{RNA 称取量}(\mu g)} \times 100\%$$

式中：A_{260}——260nm波长处的吸光度；

L——比色杯光径，cm；

0.024——1mL溶液中含1μg RNA的吸光度。

2. 计算提取率

$$\text{RNA 提取率} = \frac{\text{RNA 含量(\%)} \times \text{RNA 制品质量(g)}}{\text{酵母重(g)}} \times 100\%$$

【思考题】

1. 沉淀RNA之前为什么要冷却上清液至10℃以下？
2. 为什么要将pH值调至2.0左右？

实验二十四　植物组织DNA的快速提取

一、实验目的

学会从植物组织中快速提取DNA的方法。

二、实验原理

在生物体中，核酸常与蛋白质结合在一起，以核蛋白的形式存在。核酸分为核糖核酸(RNA)和脱氧核糖核酸(DNA)两大类。在植物细胞中，DNA主要存在于细胞核中，RNA主要存在于细胞质和核仁里。在制备核酸时，通过研磨破坏细胞壁和细胞膜，使核蛋白释放出来。然后，采用阴离子去垢剂SDS破坏细胞中DNA与蛋白质之间的静电引力或配位键，使DNA从脱氧核糖核蛋白中解离出来。进一步通过氯仿-异戊醇抽提除去蛋白质，采用RNA酶水解去除RNA，使得DNA被初步纯化。最后通过预冷的95%乙醇溶液从上清液中将DNA沉淀出来，获得纯度较高的植物组织DNA。

三、试剂与器材

1. 仪器

电子天平，剪刀，研钵，量筒(100mL，1 000mL)，离心机，离心管(50mL)，刻度试管，水浴锅，冰箱，温度计，移液器(1 000μL)，Tip头(1 000μL)，锥形瓶(100μL)。

2. 材料

绿豆芽。

3. 试剂

(1)提取液[0.45mol/L NaCl，0.045mol/L柠檬酸三钠盐，0.1mol/L四乙酸乙二胺(EDTA)，1%十二烷基硫钠(SDS)]　称取26.31g NaCl，13.23g柠檬酸钠，37.20g EDTA，10g SDS，溶于800mL蒸馏水中，以0.2mol/L NaOH溶液调pH值至7.0，然后定容至1 000mL。

(2)三氯甲烷-异戊醇混合液　三氯甲烷(分析纯)：异戊醇(分析纯)= 24：1。

(3)95%乙醇溶液。

(4)RNA酶溶液　用0.14mol/L NaCl溶液配制含25mg/mL的酶液，用1mol/L HCl溶液调整pH值至5.0。使用前在80℃水浴中处理5min(以破坏可能存在的DNA酶)。

(5)pH 8.0 TE缓冲液

1mol/L Tris-HCl(pH 8.0)缓冲液：称取121.1g Tris，溶于800mL蒸馏水中，搅拌条件下加入42mL浓盐酸，再用稀HCl准确调整pH值至8.0，加入蒸馏水至总体积1L，分装，高压灭菌。

0.5mol/L EDTA (pH 8.0)溶液：称取186.1g二水乙二胺四乙酸二钠盐，加入800mL蒸馏水，磁力搅拌器上搅拌，加入NaOH调pH值至8.0，蒸馏水定容至1L。只有在pH值接近 8.0 时，EDTA 才能完全溶解，调整 pH 值可以用固体 NaOH。

用 1mL 1mol/L Tris-HCl(pH 8.0)缓冲液与 0.2mL 0.5mol/L EDTA (pH 8.0)溶液混合后，用蒸馏水定容至 100mL 即得 pH 8.0 TE 缓冲液。

(6)液氮。

四、操作步骤

(1)称取 10g 绿豆芽，剪碎，放在研钵内，加少量液氮，然后加入 10mL 提取缓冲液，迅速研磨，使其成为浆状物。

(2)将匀浆液转入 25mL 刻度试管中，加入等体积的三氯甲烷-异戊醇混合液，盖上塞子，上下翻转混匀，将混合液转入离心管，静止片刻，以脱除组织蛋白质。然后以 5 000r/min 离心 10min。

(3)小心吸取上清液至刻度试管中，弃去中间层的细胞碎片，变性蛋白质层及下层的三氯甲烷。

(4)将试管置于 72℃水浴保温 3min(不要超过 4min)，以灭活组织内的 DNA 酶，然后迅速取出试管放在冰水浴中冷却至室温。

(5)再次加入等体积的三氯甲烷-异戊醇混合液，并在带塞的锥形瓶中摇晃 20s。将混合液转入离心管，静止片刻后，以 5 000r/min 离心 10min。

(6)小心吸取上清液至刻度试管中，加入 2 倍体积的预冷的 95%乙醇溶液，盖上塞子，混匀，置于-20℃冰箱放置 15min 左右。然后，将混合液转入离心管，以 5 000r/min 离心 10min。弃去上清液，此沉淀为 DNA 的粗制品。

(7)将所得 DNA 的粗制品溶解于 5mL 蒸馏水溶液中，将混合溶液转入刻度试管，加入预先处理过的 RNA 酶溶液使其终浓度为 50~70μg/mL，并在 37℃下保温 30min 以除去 RNA。

(8)重复第(5)步骤，以除去残留蛋白质及所加的 RNA 酶。

(9)重复第(6)步骤，此沉淀即为初步纯化的 DNA。将 DNA 溶解于适量 TE 溶液，-20℃贮存，备用。

(10)用琼脂糖凝胶电泳鉴定提取的 DNA，具体见实验二十五。

【思考题】

1. 如果要提取基因组大片段的 DNA 分子，操作中应注意什么？
2. 如何获得纯度较高的 DNA 分子？

实验二十五　DNA 琼脂糖凝胶电泳

一、实验目的

1. 掌握琼脂糖凝胶电泳分离、鉴定 DNA 的原理。
2. 掌握琼脂糖凝胶电泳的基本操作方法。

二、实验原理

琼脂糖凝胶电泳是分离、鉴定和纯化 DNA 的常用方法。琼脂糖是 D-半乳糖残基和 L-半乳糖残基通过糖苷键交替构成的线状聚合物。琼脂糖凝胶则可以构成一个直径从 50nm 到略大于 200nm 的三维筛孔的通道。双链 DNA 分子在通道中泳动时有电荷效应和分子筛效应。DNA 分子在 pH 值高于其等电点的溶液中带负电荷，在电场中向正极泳动。且在一定电场强度下，双链 DNA 分子在凝胶基质迁移的速率与其碱基对数的常用对数成反比，即分子越大，迁移得越慢。此外，DNA 的分子构象也影响其迁移速度。同样相对分子质量的 DNA，超螺旋共价闭环质粒 DNA 迁移速度最快，线状 DNA 其次，开环 DNA 最慢。据此，可将不同大小的 DNA 区分开。

观察琼脂糖凝胶中 DNA 最简便、最常用的方法是利用荧光染料溴化乙啶(简称 EB)进行染色。即在琼脂糖凝胶中加入 EB 染料，当 DNA 样品在凝胶中泳动时，EB 分子可以嵌入到 DNA 分子中形成荧光结合物，使发射的荧光增强几十倍。且荧光强度与 DNA 的含量成正比。由于 EB 在紫外灯照射下，可发出红色荧光。因此，将电泳结束后的琼脂糖凝胶置于紫外灯下照射，可见强度不同的红色荧光条带。

三、试剂与器材

1. 仪器

移液器(20μL)，锥形瓶(100mL)，电子天平，量筒(200mL)，微波炉，稳压电泳仪，紫外检测仪，水平式电泳槽，一次性手套，胶带，Eppendorf 离心管(1mL)，Tip 头及配套 Tip 头盒(20μL)。

2. 试剂

(1)pH 8.0 TAE(Tris-乙酸)缓冲液

50×TAE 贮存液：每升含 242g Tris 碱，57.1mL 冰乙酸，100mL 0.5mol/L EDTA(pH 8.0)。

电泳时将贮存液稀释 50 倍，即可得 1×TAE 电泳缓冲液(pH 8.0)。

(2)凝胶载样缓冲液(0.2% 溴酚蓝，50% 蔗糖水溶液)　称取 200mg 溴酚蓝，加蒸馏水 10mL，在室温下过夜，待溶解后再称取 50g 蔗糖，加蒸馏水溶解后移入溴酚蓝溶液中，摇匀后加蒸馏水定容至 100mL，然后加 10mol/L NaOH 溶液 1~2 滴，调至蓝色。

(3)EB溶液

10mg/mL EB溶液：戴手套谨慎称取约200mg EB置于棕色试剂瓶中，按10mg/mL浓度加蒸馏水配制，溶解后，瓶外面用锡纸包好，贮存于4℃冰箱，备用(EB是较强的致突变剂，也是较强的致癌物，如有液体溅出外面，可加少量漂白粉，使其分解)。

1mg/mL EB溶液：戴手套取10mg/mL EB溶液10mL于棕色试剂瓶中，外面用锡纸包好，加入90mL蒸馏水，轻轻摇匀，置4℃冰箱备用。

(4)DNA相对分子质量标准品(Marker)。

(5)大肠杆菌质粒pBR322。

(6)琼脂糖。

四、操作步骤

1. 琼脂糖凝胶的制备

不同的琼脂糖浓度所分离的DNA分子范围不同，具体见表5-2。根据所分离鉴定的DNA相对分子质量的范围，选择合适的琼脂糖浓度。由于本实验所选用的大肠杆菌质粒pBR322为4.3kb，所以本实验选择配制0.8%的琼脂糖凝胶。

称取0.4g琼脂糖，放入锥形瓶中，加入50mL 1×TAE电泳缓冲液，沸水浴中(或高压消毒锅或微波炉)加热，直至琼脂糖完全熔化在缓冲液中，取出轻轻摇匀，避免产生泡沫。待琼脂糖凝胶溶液冷却至50℃左右，向其中加入EB，使其终浓度为0.5μg/mL。

表5-2 不同浓度琼脂糖凝胶分离DNA分子的范围

琼脂糖含量/%	线状DNA分子分离范围/kb	琼脂糖含量/%	线状DNA分子分离范围/kb
0.3	5~60	1.2	0.4~6
0.6	1~20	1.5	0.2~3
0.7	0.8~10	2.0	0.1~2
0.9	0.5~7		

2. 凝胶板的制备

(1)一般可选用微型水平式电泳槽(30~35mL胶)。

(2)用胶带将有机玻璃内槽的两端边缘封好，置水平玻板或工作白面上(须调水平)。

(3)选择孔径适应的样品槽模板(梳子)，将其插入托盘长边上的凹槽内(距一端约1.5cm)，梳齿底边与托盘表面保持0.5~1mm的间隙。

(4)待琼脂糖冷至50℃左右，将其小心地倒入有机玻璃内槽，使凝胶缓慢地展开直至在托盘表面形成一层约3mm厚的均匀胶层。胶内不要存有气泡，室温下静置0.5~1h。

(5)待凝胶凝固完全后，双手均匀用力轻轻拔出样品槽模板(注意勿使样品槽破裂)，则在胶板上形成相互隔开的样品槽。

(6)取下封边的胶带，将凝胶连同有机玻璃槽一起放入电泳槽平台上，然后向电泳槽中加入电泳缓冲液TAE，使其没过凝胶面1mm。

3. 加样

向待测pBR322质粒DNA中加1/5体积的溴酚蓝指示剂，混匀后，用移液器将其慢加至加样孔(梳孔)，记录加样次序与加样量。

4. 电泳

电泳加样完毕，将靠近样品槽一端连接负极，另一端连接正极，接通电源，开始电泳。在样品进胶前可用略高电压，防止样品扩散，样品进胶后，应控制电压降不高于5V/cm(电压值/电泳槽两极之间距离)。

当溴酚蓝染料条带移动到距离凝胶前沿1~2cm时，停止电泳。

5. 观察

在紫外灯下观察凝胶，记录电泳结果或直接拍照。

【思考题】

1. 总结本实验操作的关键环节。
2. 总结琼脂糖凝胶电泳与SDS-聚丙烯酰胺凝胶电泳的异同点。

实验二十六 核酸的定量测定——定磷法

一、实验目的

1. 了解定磷法测定核酸含量的原理。

2. 掌握定磷法测定核酸含量的基本操作技术。

二、实验原理

在酸性环境中，定磷试剂中的钼酸铵以钼酸形式与样品中的磷酸反应生成磷钼酸，当有还原剂存在时，磷钼酸立即转变为蓝色的还原产物——钼蓝。钼蓝最大的光吸收在650~660nm 波长处。当使用抗坏血酸为还原剂时，测定的最适范围为 1~10μg 无机磷。测定样品核酸总磷量，需先将它用硫酸或过氯酸消化成无机磷再进行测定。总磷量减去未消化样品中测得的无机磷量，即得核酸含磷量，由此可以计算出核酸含量。

三、试剂与器材

1. 仪器

电子天平，容量瓶（50mL，100mL），台式离心机，离心管，凯氏烧瓶（25mL），恒温水浴锅，200℃烘箱，硬质玻璃试管，移液管，分光光度计，电炉。

2. 试剂

（1）3mol/L H_2SO_4 溶液。

（2）10mol/L H_2SO_4 溶液。

（3）2. 5%钼酸铵溶液。

（4）10%抗坏血酸溶液。

（5）定磷试剂 在使用前按以下比例混合，蒸馏水：3mol/L H_2SO_4：2. 5%钼酸铵：10%抗坏血酸=2：1：1：1。

（6）标准无机磷贮备液（含磷量 1mg/mL） 将磷酸二氢钾于 110℃烘至恒重（一般需 4h 以上），然后置于干燥器内冷却。用分析天平精确称取 1. 096 7g，定容至 250mL。此液为贮备液，放入冰箱内保存，用时再稀释。

（7）粗提的核酸。

四、操作步骤

1. 标准曲线的绘制

吸取 0. 5mL 标准无机磷贮备液于 50mL 容量瓶中，用蒸馏水稀释至刻度，配制成含磷量 10μg/mL 的标准无机磷溶液。

取 6 支试管，编号，按表 5 - 3 要求，加入标准无机磷溶液、蒸馏水及定磷试剂。加毕

表 5-3 标准曲线的制作

管　号	0	1	2	3	4	5
标准磷溶液/mL	0	0.2	0.4	0.6	0.8	1.0
蒸馏水/mL	3.0	2.8	2.6	2.4	2.2	2
定磷试剂/mL	3	3	3	3	3	3
A_{660}						

摇匀，于45℃水浴保温15min，冷却，用分光光度计分别测定其吸光度 A_{660}。

2. 总磷的测定

准确称取0.1g样品(如粗核酸)，用少量水溶解(如不溶，可滴加5%氨水调至pH 7.0)，转移至50mL容量瓶中，加水至刻度。吸取上面的样品液1.0mL，置于50mL凯氏烧瓶中，加入2.5mL 10mol/L H_2SO_4 溶液，将凯氏烧瓶接在凯氏消化架上(或在通风橱内)，在电炉上加热，至溶液透明，表示消化完成。冷却，将消化液移入100mL容量瓶中，用少量蒸馏水洗涤凯氏烧瓶2次，洗涤液一并倒入容量瓶，再加水至刻度。

混匀后，吸取3.0mL置于试管中，加定磷试剂3.0mL，摇匀，45℃保温15min，冷却。测其吸光度 A_{660}(表5-3)。

3. 无机磷的测定

吸取样品液(2μg/mL)1.0mL，置于100mL容量瓶中，加水至刻度，摇匀后，吸取3.0mL置于试管中，加定磷试剂3.0mL，45℃水浴保温15min，冷却，测其吸收度(表5-4)。

表 5-4 无机磷的测定

管　号	0	总磷	无机磷
总磷样品液/mL	3(蒸馏水)	3	
无机磷样品液/mL			3
定磷试剂/mL	3	3	3
A_{660}			

五、结果处理

$$总磷\ A_{660} - 无机磷\ A_{660} = 有机磷\ A_{660}$$

由标准曲线查得有机磷微克数(X)，按下式计算样品中核酸百分含量。

$$核酸含量 = \frac{(X/\ 测定时取样的毫升数) \times 稀释倍数 \times 11}{样品质量(\mu g)} \times 100\%$$

【思考题】

1. 指出测定核酸含量的几种方法，比较各自的优缺点。
2. 除了样品溶液消化至透明，表示消化完成外，还可以用何种方法来分析判断？

实验二十七 动物组织中核酸的提取与测定

一、实验目的

熟练掌握提取与鉴定动物组织中核酸的基本原理和操作方法。

二、实验原理

动物组织细胞中的 RNA 与 DNA 大部分与蛋白质结合形成核蛋白。可用三氯乙酸沉淀出核蛋白，并用95%乙醇加热除去附着在沉淀上的脂类杂质。然后用10% NaCl 从核蛋白中分离出核酸(钠盐形式)，此核酸钠盐，加入乙醇可以沉淀析出。

核酸(包括 DNA 和 RNA)均由单核苷酸组成，每个单核苷酸中含有磷酸、有机碱(嘌呤和嘧啶)和戊糖(核糖和脱氧核糖)。核酸用 H_2SO_4 水解后，即可游离出这 3 类物质。用下述方法可分别鉴定出这 3 类物质。

(1)磷酸 用钼酸铵与之作用可生成磷钼酸，磷钼酸可被氨基萘酚磺酸还原形成蓝色钼蓝。

(2)嘌呤碱 用 $AgNO_3$ 与之反应生成灰褐色的絮状嘌呤银化合物。

(3)戊糖

①戊糖：用 H_2SO_4 使之生成糠醛，糠醛与3,5-二羟甲苯形成一种绿色化合物。

②脱氧核糖：在 H_2SO_4 作用下生成β，ω-羟基-γ-酮基戊糖，后者与二苯胺作用生成蓝色化合物。

三、试剂与器材

1. 仪器

研钵和研棒，匀浆机，刮棒，低温冷冻离心机，水浴锅，宽口移液管，涡旋机，滤纸，玻璃棒。

2. 材料

新鲜兔肝或大鼠肝脏。

3. 试剂

(1)钼酸铵试剂 2.5g 钼酸铵溶于20mL 蒸馏水中，再加入5mol/L H_2SO_4 30mL，用蒸馏水稀释至100mL。

(2)氨基萘酚磺酸溶液 取195mL 15%亚硫酸氢钠溶液(溶液必须透明)，加入0.5g 提纯的氨基萘酚磺酸及20%亚硫酸钠溶液5mL。并在热水浴中搅拌使固体溶解(如不能全部溶解，可再加20% 亚硫酸钠溶液，每次数滴，但加入量1mL 为限度)。此为母液，置冰箱可保存2~3周，如颜色变黄时，须重新配制。临用前，将上述浓溶液用蒸馏水稀释10倍。

(3) 3,5-二羟甲苯溶液 取密度1.19g/cm^3 的 HCl 溶液100mL，加入100mg $FeCl_3 \cdot 6H_2O$ 及100mg 二羟甲苯，混匀溶解后，置于棕色瓶中。此试剂需现用现配。

(4)0.9% NaCl 溶液。

(5)20% 三氯乙酸溶液。

(6)95% 乙醇溶液。

(7)5% $AgNO_3$ 溶液。

(8)5% H_2SO_4 溶液。

(9)浓氨水。

(10)10% NaCl 溶液。

四、操作步骤

1. 匀浆制备

称取 5g 新鲜兔肝(或大鼠肝脏),加入等质量冰冷的 0.9% NaCl 溶液,及时剪碎。放入匀浆机中,研磨成匀浆。

2. 分离提取

(1)取匀浆 5mL 置于离心管内,立即加入 20%三氯乙酸溶液 5mL,漩涡混匀,静置 3min 后,以 3 000r/min 离心 10min。

(2)倾去上清液,沉淀中加入 95%乙醇溶液 5mL,漩涡混匀。用一个装有玻璃管的木塞塞紧离心管口,在沸水浴中加热至沸,回馏 2min。注意乙醇沸腾后将火关小,以免乙醇蒸气燃烧。冷却后以 2 500r/min 离心 10min。

(3)倾去上层乙醇。将离心管倒置于滤纸上,使乙醇倒干。沉淀中加入 10% NaCl 溶液 4mL,漩涡混匀,置沸水浴中加热 8min,并用玻璃棒搅拌,取出,待冷却后以 2 500r/min 离心 10min。

(4)将上清液量取一定体积,倾入一小烧杯内。若不清亮可重复离心 1 次以除去残渣。

(5)取等量在水浴中冷却的 95%乙醇溶液,逐滴加入小烧杯内,即可见白色沉淀逐渐出现。静置 10min 后,转入离心管 3 000r/min 离心 10min,即得核酸的白色钠盐沉淀。

3. 核酸的水解

在含有核酸钠盐的离心管内加入 5% H_2SO_4 溶液 4mL,漩涡混匀,再用装有长玻璃管的软木塞塞紧管口,在沸水浴中回馏 15min 即可。

4. DNA 与 RNA 成分的鉴定

(1)磷酸的鉴定　取 2 支试管,按表 5-5 操作。

表 5-5　磷酸的鉴定

管号	水解液	5% H_2SO_4 溶液	钼酸铵试剂	氨基萘酚磺酸溶液
测定管	10 滴	—	5 滴	20 滴
对照管	—	10 滴	5 滴	20 滴

放置数分钟,观察两管内颜色有何不同?

(2)嘌呤碱的测定　取 2 支试管,按表 5-6 操作。

表 5－6　嘌呤碱的测定

管号	水解液	5% H_2SO_4 溶液	浓氨水	5% $AgNO_3$ 溶液
测定管	20 滴	—	数滴使呈碱性*	10 滴
对照管	—	20 滴	数滴使呈碱性	10 滴

注：* 加浓氨水使呈碱性，可用 pH 值试纸检测。

加入 5% $AgNO_3$ 溶液后，观察有何变化？静置 15min 后，再比较两管中沉淀颜色有何不同？

(3) 核糖的鉴定　取 2 支试管，按表 5－7 操作。

表 5－7　核糖的鉴定

管号	水解液	5% H_2SO_4 溶液	3,5-二羟甲苯溶液
测定管	4 滴	—	6 滴
对照管	—	4 滴	6 滴

将两管同时放入沸水浴内，10min 后，比较两管的颜色有何不同？

(4) 脱氧核糖的测定　取 2 支试管，按表 5－8 操作。

表 5－8　脱氧核糖的测定

管号	水解液	5% H_2SO_4 溶液	5% H_2SO_4 溶液	5% $AgNO_3$ 溶液
测定管	20 滴	—	—	6 滴
对照管	—	20 滴	4 滴	6 滴

将两管同时放入沸水浴内，10min 后，观察两管颜色有何差异？

【思考题】

简述核酸提取过程中应注意的问题并说明原因。

第六章　酶

实验二十八　唾液淀粉酶活性观察

一、实验目的

1. 了解温度、pH 值、抑制剂和激活剂等因素对酶活力的影响。

2. 了解酶的特异性。

二、实验原理

酶是一种生物催化剂，它同一般催化剂最主要的区别是酶具有高度特异性(专一性)，即一种酶只能对一种或一类化合物起一定的催化作用，而不能对别的物质起催化作用。同时，酶在催化这些反应时，其活性常受温度、pH 值、酶浓度、底物浓度、激活剂和抑制剂等因素的影响。

本实验是通过淀粉被唾液淀粉酶水解成各种糊精、麦芽糖等水解产物的变化来观察淀粉酶在各种环境条件下的活性，同时通过唾液淀粉酶对淀粉和蔗糖的作用来说明酶的特异性。

淀粉被酶分解的变化，可借碘遇淀粉呈蓝色，遇各种糊精呈紫色、红色，遇麦芽糖不呈色等特定的颜色反应来观察。而麦芽糖因有还原性可以使班氏试剂呈红色沉淀。

三、试剂与器材

1. 仪器

试管，试管架，烧杯，移液管(1mL，2mL，5mL)，量筒(1 000μL，200mL)，滴管，电炉，白色比色盘，水浴锅，纱布。

2. 试剂

(1)1% $CuSO_4$ 溶液。

(2)0.5% 蔗糖溶液。

(3)0.5% NaCl 溶液。

(4)0.5% 淀粉溶液。

(5)碘化钾-碘溶液　称取 2g KI 及 1.27g 碘溶于 200mL 水中，用前稀释 5 倍。

(6)班氏试剂　溶解 17.4g 无水 $CuSO_4$ 于 100mL 热蒸馏水中，冷却，稀释至 150mL。取 173g 柠檬酸钠，100g 无水 Na_2CO_3，加水 600mL，加热使之溶解，冷却，稀释至 850mL。最后，与上述溶液混合，搅匀待用。

(7)缓冲液

缓冲液 A(1/15mol/L 的 Na_2HPO_4)：称取 11.876g $Na_2HPO_4 \cdot 2H_2O$ 溶于 1 000mL 水中。

缓冲液 B(1/15mol/L 的 KH_2PO_4)：称取 9.078g KH_2PO_4 溶于 1 000mL 水中。

pH 4.92 缓冲液=缓冲液 A 0.10mL+缓冲液 B 9.90mL。

pH 8.67 缓冲液=缓冲液 A 9.90mL+缓冲液 B 0.10mL。

pH 6.64 缓冲液=缓冲液 A 4.00mL+缓冲液 B 6.00mL。

四、操作步骤

1. 唾液淀粉酶的制备

用纯净水漱口 1 次，然后取 20mL 蒸馏水含于口中，30s 后吐入烧杯中(纱布过滤)。取此酶液 10mL，放入小烧杯中稀释至 20mL，备用。

2. 酶活性的观察

(1)温度对酶活性的影响

①取 3 支试管，编号，按表 6-1 准备。注意应同时迅速加入稀释唾液，混匀且及时放入水浴。

表 6-1 温度对酶活性的影响

温度	管号	0.5%淀粉溶液/mL	稀释唾液/mL	现象
0℃水浴	1	5	1	
37℃水浴	2	5	1	
沸水浴	3	5	1	

②在比色盘上，滴加碘液 2 滴于各孔中，每隔 1min，从第 2 管中取反应液 1 滴与碘液混合，观察碘颜色变化。

③待第 2 管中反应液遇碘不发生颜色变化时，向各管中加入碘液 2 滴，摇匀，观察记录各管颜色，说明温度对酶活性影响。

(2)pH 值对酶活性的影响

①取 3 支试管，编号，按表 6-2 准备。注意应同时迅速加入稀释唾液，混匀且及时放入 37℃水浴。

表 6-2 pH 值对酶活性的影响

管号	0.5%淀粉溶液/mL	pH 6.64 缓冲液/mL	pH 4.92 缓冲液/mL	pH 8.67 缓冲液/mL	稀释唾液/mL	现象
1	2.5	1	0	0	1	
2	2.5	0	1	0	1	
3	2.5	0	0	1	1	

②在比色盘上，滴加碘液 2 滴于各孔中，每隔 1min，从第 1 管中取反应液 1 滴与碘液混合，观察碘颜色变化。

③待第 1 管中反应液遇碘不发生颜色变化时，向各管中加入碘液 2 滴，摇匀，观察记

录各管颜色，说明 pH 值对酶活性影响。

(3)激活剂及抑制剂对酶活性的影响

①取3支试管，编号，按表6-3准备。

表6-3 激活剂及抑制剂对酶活性的影响

管号	0.5% 淀粉溶液/mL	1% $CuSO_4$ 溶液/mL	0.5% NaCl 溶液/mL	蒸馏水 /mL	稀释唾液 /mL	现象
1	2	1	0	0	1	
2	2	0	1	0	1	
3	2	0	0	1	1	

②将3支试管放入37℃水浴，并在比色盘上用碘液检查第2管，待碘不变色时，向各管加碘液2滴，观察水解情况，记录并解释结果。

(4)酶的特异性

①取2支试管，编号，按表6-4准备。

表6-4 酶的特异性

管号	0.5% 淀粉溶液/mL	0.5% 蔗糖溶液/mL	稀释唾液 /mL	现象
1	2	0	1	
2	0	2	1	

②稀释唾液加入后，放入37℃水浴并准确计时。

③在水浴中保温10min，向各管加入班氏试剂1mL，放沸水浴中煮沸1~2min，记录并解释结果。

【思考题】

1. 为什么向不同的试管中加入稀释唾液时应同时且要迅速？
2. 如何确定淀粉的最适 pH 值和最适温度？

实验二十九　胰蛋白酶的活力测定

一、实验目的

学习蛋白酶活力测定的方法。

二、实验原理

酶活力的大小，通常是在最适 pH 值和温度条件下，酶催化一定时间后，以反应物中底物减少的量或产物形成的量来表示。本实验是以产物形成的量来表示胰蛋白酶的活力。

胰蛋白酶能催化蛋白质的水解，因此以可用蛋白质(如酪蛋白)为底物，通过单位时间内水解生成的氨基酸(酪氨基酸等)的量来推算酶活力。

目前，国内通用的蛋白酶活力单位定义为：每分钟分解出 1μg 酪氨酸的酶量称为 1 单位，本实验采用 Lowry 法比色测定酪氨酸生成量。

三、试剂与器材

1. 仪器

试管及试管架，移液管(1mL，2mL，5mL)，721 型分光光度计，水浴锅，漏斗，滤纸(或离心机)。

2. 试剂

(1) Folin 试剂　在 2L 磨口回流装置内加入 100g 钨酸钠($Na_2WO_4 \cdot 2H_2O$)、25g 钼酸钠($Na_2MoO_4 \cdot 2H_2O$)、蒸馏水 700mL、85%磷酸 50mL 和浓盐酸 100mL，充分混匀后，以小火回流 10h，再加入 150g 硫酸锂($LiSO_4$)、50mL 蒸馏水及数滴溴，然后开口继续沸腾 15min，以驱除过量的溴，冷却后定容到 1 000mL 过滤，滤液呈黄色，微带绿色，置于棕色试剂瓶，冰箱中保存。使用时，用标准 NaOH 溶液滴定，以酚酞为指示剂，然后稀释至 1mol/L 的酸。

(2) 0.55mol/L Na_2CO_3 溶液。

(3) 10%三氯乙酸溶液。

(4) 0.02mol/L (pH 7.5)磷酸缓冲液。

(5) 0.5%干酪素溶液　0.5g 干酪素，以 0.5mol/L NaOH 溶液 1mL 滴湿，再加少量 0.02mol/L 磷酸缓冲液稀释，在水浴中煮沸溶解，定容于 100mL，冰箱保存。

(6) 胰蛋白酶溶液　取 0.1g 酶溶于 100mL 0.02mol/L 磷酸缓冲液，冰箱保存(稀释倍数为 1 000 倍)。

(7) 标准酪氨酸溶液　称取 100mg 酪氨酸(预先在 105℃烘干箱烘至恒重)，加 0.2mol/L HCl 溶液溶解后定容至 100mL，再用水稀释 5 倍，得到 200μg/mL 的酪氨酸溶液。

四、操作步骤

1. 标准曲线的绘制

取标准酪氨酸溶液，配成不同浓度溶液(表6－5)，再各取1mL，加0.55mol/L Na_2CO_3 溶液5mL，再加入Folin试剂1mL，于37℃水浴15min，在680nm波长处比色，测光密度(OD_{680})。

表6－5 酪氨酸标准溶液的配置

管号	2 000μg/mL 酪氨酸标准液/mL	H_2O/mL	酪氨酸最终浓度/(μg/mL)
1	0	5	0
2	0.5	4.5	20
3	1.0	4.0	40
4	1.5	3.5	60
5	2.0	3.0	80
6	2.5	2.5	100

以酪氨酸浓度为横坐标，光密度读数为纵坐标，绘制标准曲线。

2. 样品的测定

取酶液再稀释1倍，各取1mL分别置于0、1、2号试管中(0号试管再加入3mL 10%三氯乙酸溶液)，于37℃水浴中预热3～5min，加入预热(37℃)的0.5%干酪素溶液2mL，准确保温15min后，加入10%三氯乙酸溶液3mL(1、2号管)，将3支试管过滤除去沉淀，取清液1mL，加入0.55mol/L Na_2CO_3 溶液5mL，再加入Folin试剂1mL，于37℃水浴中显色15min，在680nm波长比色，测 OD_{680}，以0号管为空白。

五、结果处理

酶活力单位：在37℃下每分钟水解1μg酪氨酸的酶量为一个酶活力单位。

$$样品含蛋白酶活力单位=\frac{A\times F\times 6}{15}$$

式中：A——根据标准曲线及测得的样品 OD_{680} 值查得的酪氨酸浓度；

F——酶液的最终稀释倍数；

15——反应时间，min。

【注意事项】

如果生产和科研工作中需要经常测定蛋白酶活力，则可在标准曲线绘制好后，求出斜率K值，即可直接从下式求出酶活力：

$$蛋白酶活力(单位)=样品\ OD_{680}\times K\times 酶液稀释倍数$$

K值求法：在标准曲线上取100μg时光密度值，再用100除。

【思考题】

胰蛋白酶活力测定的原理是什么？

实验三十　底物浓度对酶促反应速度的影响——K_m 值测定

一、实验目的

掌握利用双倒数曲线求 K_m 的过程及原理。

二、实验原理

脲酶是尿素循环的一种关键性酶，它催化尿素与水作用生成碳酸铵，在促进土壤和植物体内尿素的利用上有重要作用。脲酶催化的反应为：

$$(NH_2)_2CO+2H_2O \rightarrow (NH_4)_2CO_3$$

在碱性条件下，$(NH_4)_2CO_3$ 与奈氏试剂作用生成橙黄色的碘化双汞铵。在一定范围内，呈色深浅与 $(NH_4)_2CO_3$ 量成正比。可用比色法测定单位时间内酶促反应所产生的 $(NH_4)_2CO_3$ 量。

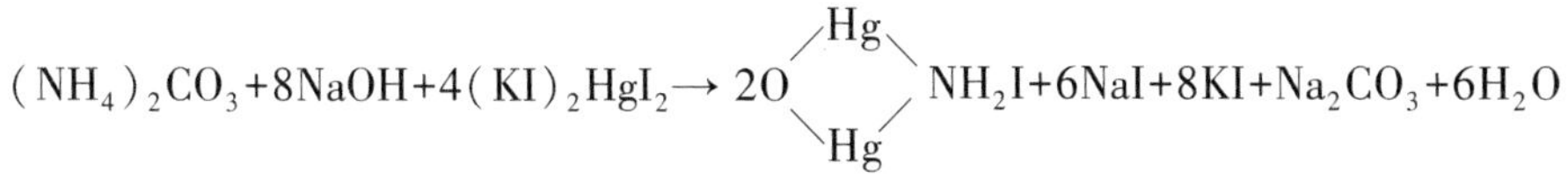

（橙黄色）

在保持恒定的最适条件下，用相同浓度的脲酶催化不同浓度的尿素发生水解反应。在一定限度内，酶促反应速度与尿素浓度成正比。用双倒数作图法可求得脲酶的 K_m 值。

三、试剂与器材

1. 仪器

试管，移液管（1mL，2mL，10mL），漏斗，分光光度计，水浴锅，离心机，漩涡振荡器。

2. 材料

大豆粉。

3. 试剂

（1）1/10mol/L 尿素　15.015g 尿素，水溶后定容至 250mL。

（2）不同浓度尿素溶液　用 1/10mol/L 尿素分别稀释成 1/20mol/L、1/30mol/L、1/40mol/L、1/50mol/L 的尿素溶液。

（3）1/15mol/L pH 7.0 磷酸盐缓冲液　5.969g Na_2HPO_4，水溶后定容至 250mL。2.268g KH_2PO_4 水溶后定容至 250mL。取 60mL Na_2HPO_4 溶液，40mL KH_2PO_4 溶液混匀，即为 1/15mol/L pH 7.0 磷酸盐缓冲液。

（4）10% $ZnSO_4$ 溶液　20g $ZnSO_4$ 溶于 200mL 蒸馏水中。

（5）0.5mol/L NaOH 溶液　5g NaOH 水溶后定容至 250mL。

(6)10%酒石酸钾钠溶液　20g 酒石酸钾钠溶于 200mL 蒸馏水中。

(7)0.005mol/L $(NH_4)_2SO_4$ 标准液　准确称取 0.661g $(NH_4)_2SO_4$，水溶后定容至 1 000mL。

(8)30%乙醇溶液　60mL 95%乙醇溶液，加水 130mL，摇匀。

(9)奈氏试剂

①甲：8.75g KI 溶于 50mL 水中。

②乙：8.75g KI 溶于 50mL 水中。

③丙：7.5g $HgCl_2$ 溶于 150mL 水中

④丁：2.5g $HgCl_2$ 溶于 50mL 水中。

⑤甲与丙混合，生成朱红色沉淀，用蒸馏水以倾泻法洗沉淀几次，洗好后将乙液倒入，令沉淀溶解。然后将丁液逐滴加入，至红色沉淀出现摇动也不消失为止，定容至 250mL。

⑥称取 52.5g NaOH，溶于 200mL 蒸馏水中，放冷。

⑦混合⑤、⑥，并定容至 500mL。上清液转入棕色瓶中，存暗处备用。

四、操作步骤

(1)脲酶提取　称取 1g 大豆粉，加 30%乙醇溶液 25mL，振荡提取 1h。4 000r/min 离心 10min，取上清液备用。

(2)取 5 支试管，编号，按表 6－6 操作。

表 6－6　脲酶水解过程中各试剂添加量

管　号		1	2	3	4	5
尿素溶液	浓度/(mol/L)	1/20	1/30	1/40	1/50	1/50
	加入量/mL	0.5	0.5	0.5	0.5	0.5
pH 7 磷酸盐缓冲液/mL		2.0	2.0	2.0	2.0	2.0
37℃水浴保温/min		5	5	5	5	5
脲酶/mL		0.5	0.5	0.5	0.5	—
煮沸脲酶/mL		—	—	—	—	0.5
37℃水浴保温/min		10	10	10	10	10
10% $ZnSO_4$ 溶液/mL		0.5	0.5	0.5	0.5	0.5
蒸馏水/mL		10.0	10.0	10.0	10.0	10.0
0.5mol/L NaOH 溶液/mL		0.5	0.5	0.5	0.5	0.5

在漩涡振荡器上混匀各管，静置 5min 后过滤。

(3)另取 5 支试管，编号，与上述各管对应，按表 6－7 加入试剂。

迅速混匀各管，然后在波长 460nm 下比色，光径 1cm。

(4)制作标准曲线，按表 6－8 加入试剂。

迅速混匀各管，在波长 460nm 下比色，绘制标准曲线。

表 6-7 反应液呈色反应中各试剂添加量 mL

管 号	1	2	3	4	5
滤液	0	0.5	0.5	0.5	0.5
蒸馏水	9.5	9.5	9.5	9.5	9.5
10%酒石酸钾钠溶液	0.5	0.5	0.5	0.5	0.5
0.5mol/L NaOH 溶液	0.5	0.5	0.5	0.5	0.5
奈氏试剂	1.0	1.0	1.0	1.0	1.0

表 6-8 $(NH_4)_2SO_4$ 标准曲线的绘制 mL

管 号	1	2	3	4	5	6
0.005mol/L $(NH_4)_2SO_4$ 标准液	0	0.1	0.2	0.3	0.4	0.5
蒸馏水	10.0	9.9	9.8	9.7	9.6	9.5
10%酒石酸钾钠溶液	0.5	0.5	0.5	0.5	0.5	0.5
0.5mol/L NaOH 溶液	0.5	0.5	0.5	0.5	0.5	0.5
奈氏试剂	1.0	1.0	1.0	1.0	1.0	1.0

五、结果处理

在标准曲线上查出脲酶作用于不同浓度尿素溶液生成$(NH_4)_2CO_3$的量，然后取单位时间生成$(NH_4)_2CO_3$量的倒数即 $1/v$ 为纵坐标，以对应的尿素溶液浓度的倒数即 $1/[S]$ 为横坐标作双倒数图，求出 K_m 值。

【思考题】

各试剂为什么要按照顺序进行添加？

实验三十一　枯草杆菌蛋白酶活力测定

一、实验目的

1. 学习测定蛋白酶活力的方法。
2. 掌握分光光度计的原理和方法。

二、实验原理

在弱碱性(pH 7.5)条件下，酪蛋白可被枯草杆菌蛋白酶水解，产生酪氨酸。酪氨酸可与酚试剂发生反应，生成的蓝色化合物可用分光光度法测定，进一步可利用酶促反应产物酪氨酸的生成量推算酶活力。

三、试剂与器材

1. 仪器

分光光度计，恒温水浴锅，冷凝器，漏斗，吸管，容量瓶，移液管，滤纸。

2. 材料

枯草杆菌蛋白酶酶粉。

3. 试剂

(1)枯草杆菌蛋白酶酶液。
(2)0.55mol/L Na_2CO_3 溶液。
(3)10%三氯乙酸溶液。
(4)0.5%酪蛋白溶液。
(5)0.02mol/L pH 7.5 磷酸缓冲液。
(6)100μg/mL 酪氨酸溶液。
(7)酚试剂。

四、操作方法

1. 酶液制备

1.0g 枯草杆菌蛋白酶的酶粉，用0.02mol/L pH 7.5 磷酸缓冲液溶解并定容至 100mL。振摇 15min，滤纸过滤。取 5mL 滤液，用 0.02mol/L pH 7.5 磷酸缓冲液定容到 100mL。

2. 标准曲线制备

取不同浓度(10~60μg/mL)酪氨酸溶液各 1mL，分别加入 0.55mol/L Na_2CO_3 溶液 5mL，酚试剂 1mL，放置在 30℃水浴中显色 15min，用分光光度计在 680nm 波长处读取吸光度。空白管只加水、Na_2CO_3 溶液和酚试剂对照。以酪氨酸的微克数为横坐标，以光吸收值为纵坐标，绘制标准曲线。

3. 酶活力的测定

取0.5%酪蛋白溶液2mL置于试管中，在30℃水浴中预热5min后加入预热(30℃，5min)的酶液1mL，立即计时。反应10min后，由水浴取出，并立即加入10%三氯乙酸溶液3mL，放置15min后，用滤纸过滤。

同时，另取一对照管，即取酶液1mL，先加入10%三氯乙酸溶液3mL，然后再加入0.5%酪蛋白溶液2mL，30℃时保温10min，放置15min，过滤。

取3支试管，编号，分别加入样品滤液、对照滤液和水各1mL。然后各加5mL 0.55mol/L Na_2CO_3溶液，混匀后再加酚试剂1mL，立即混匀，在30℃时显色15min。以加水的一管作空白，测定A_{680}。

计算酶活力：1g枯草杆菌蛋白酶在30℃，pH 7.5的条件下所具有的活力单位数是：

$$酶活力=(A_{样品}-A_{对照})\times K\times(V/t)\times N$$

式中：$A_{样品}$——样品液吸光度；

$A_{对照}$——对照液吸光度；

K——标准曲线上吸光度A等于1时的酪氨酸微克数；

t——酶促反应时间(min)，本实验$t=10$min；

V——酶促反应管的总体积(mL)，本实验V为6mL；

N——酶液的稀释倍数，本实验$N=2\,000$。

五、结果处理

比活力=枯草杆菌蛋白酶活力单位/样品毫克数

【思考题】

1. 实验如何制定样品中枯草杆菌蛋白酶的活力单位数？
2. 稀释的酶溶液是否可以长期使用？为什么？

实验三十二 淀粉酶活力的测定

一、实验目的

熟练掌握淀粉酶活力测定的基本原理及方法。

二、实验原理

几乎所有植物中都存在淀粉酶，特别是萌发后的禾谷类种子淀粉酶活性最强，主要是α-淀粉酶和β-淀粉酶。α-淀粉酶不耐酸，在 pH 3.6 以下迅速发生钝化；而β-淀粉酶不耐热，在高温下易被钝化。测定时，可根据它们的这种特性，钝化其中之一，即可测出另一种淀粉酶的活力。将提取液加热到70℃，维持15min，以钝化β-淀粉酶的活力，便可测定α-淀粉酶的活力；或者提取液用 pH 3.6 乙酸缓冲液在0℃加以处理，钝化α-淀粉酶，可测定出β-淀粉酶的活力。

淀粉酶水解生成的麦芽糖，可用3,5-二硝基水杨酸试剂测定。由于麦芽糖将3,5-二硝基水杨酸还原生成3-氨基-5-硝基水杨酸并产生颜色，其颜色的深浅与糖的浓度成正比，故可求出麦芽糖的含量。酶活力定义：1min 水解淀粉产生 1mg 麦芽糖的酶用量为1U。

三、试剂与器材

1. 仪器

研钵和研棒，可见分光光度计，离心机，恒温电热水浴锅，具塞刻度试管，移液管，容量瓶。

2. 材料

萌发的小麦种子(芽长约 1cm)。

3. 试剂

(1)麦芽糖标准液(1mg/mL) 精确称取 100mg 麦芽糖，用蒸馏水溶解并定容至 100mL。

(2)3,5-二硝基水杨酸试剂 精确称取 1g 3,5-二硝基水杨酸，溶于 20mL 1mol/L NaOH 溶液中，加入 50mL 蒸馏水，再加入 30g 酒石酸钾钠，待溶解后，用蒸馏水定容至 100mL。盖紧瓶塞，勿使 CO_2 进入。若溶液混浊可过滤后使用。

(3)0.1mol/L pH 5.6 柠檬酸缓冲液

A 液(0.1mol/L 柠檬酸)：称取 21.01g 柠檬酸，用蒸馏水溶解并定容至 1L。

B 液(0.1mol/L 柠檬酸钠)：称取 29.41g 柠檬酸钠，用蒸馏水溶解并定容至 1L。

取 A 液 13.7mL 与 B 液 26.3mL 混匀，即为 0.1mol/L pH 5.6 柠檬酸缓冲液。

(4)1%淀粉溶液 称取 1g 淀粉溶于 100mL 0.1mol/L pH 5.6 柠檬酸缓冲液中。

(5)0.4mol/L NaOH 溶液。

(6)石英砂。

四、操作步骤

1. 麦芽糖标准曲线的制作

取5支25mL刻度试管，编号，分别加入麦芽糖标准液（1mg/mL）0mL、0.5mL、1.0mL、1.5mL、2.0mL，然后加蒸馏水至2mL，再各加入3,5-二硝基水杨酸试剂2mL，摇匀，置沸水浴中煮沸5min，取出后流水冷却，用蒸馏水定容至25mL。以1号管作为空白管调零点，在520nm波长下比色测定吸光度。以麦芽糖含量为横坐标，吸光度为纵坐标，绘制标准曲线。

2. 酶液的提取

称取1g萌发3d的小麦种子（芽长约1cm），置于研钵中，加少量石英砂和2mL蒸馏水，研磨成匀浆。将匀浆倒入离心管中，用6mL蒸馏水分次将残渣洗入离心管。提取液在室温下放置15~20min，离心，取上清液备用。

3. 酶活力的测定

（1）α-淀粉酶活力的测定　①取4支试管，注明2支为对照管，2支为测定管；②于每管中加酶提取液1mL，在70℃恒温水浴中准确加热15min，在此期间β-淀粉酶受热而钝化，取出后迅速在自来水中冷却；③在试管中各加入1mL pH 5.6柠檬酸缓冲液；④向对照管中加入4mL 0.4mol/L NaOH溶液，以钝化酶的活性，再加入1%淀粉溶液2mL；⑤将测定管置于40℃水浴中准确保温5min后取出，迅速加入4mL 0.4mol/L NaOH溶液，以终止酶的活性；⑥取以上各试管中酶作用后的溶液和对照管中的溶液各2mL，分别加入25mL刻度试管中，再加入2mL 3,5-二硝基水杨酸试剂，混匀，置沸水浴中煮沸5min，取出冷却，用蒸馏水稀释至25mL，混匀。用可见分光光度计在波长520nm处比色，测定吸光度。根据麦芽糖标准曲线计算出麦芽糖含量，用于表示酶的活力。

（2）α-淀粉酶及β-淀粉酶总活力的测定　取上述酶提取液10mL放入容量瓶中，用蒸馏水稀释至100mL（稀释程度视酶活性的大小而定）。混合均匀后，取4支试管，2支为对照管，2支为测定管，各加入稀释的酶液1mL及1mL pH 5.6柠檬酸缓冲液。以下步骤重复α-淀粉酶活力测定的第④~⑥的操作，计算出麦芽糖的含量，用于表示酶的活力。

五、结果处理

$$\alpha\text{-淀粉酶活力}=\frac{(A-A')\times\text{稀释倍数}}{\text{样品质量}\times 5}$$

$$\alpha+\beta\text{-淀粉酶活力}=\frac{(B-B')\times\text{稀释倍数}}{\text{样品质量}\times 5}$$

式中：A——α-淀粉酶水解淀粉5min生成的麦芽糖量，mg/g；

A'——α-淀粉酶的对照管中麦芽糖量；

B——α+β-淀粉酶共同水解淀粉5min生成的麦芽糖量，mg/g；

B'——α+β-淀粉酶的对照管中麦芽糖量。

【思考题】

1. 简述淀粉酶活力测定的基本原理。
2. 简述淀粉酶活力测定过程中的注意事项。

实验三十三　过氧化物酶和多酚氧化酶活性的测定

一、实验目的

学习和掌握过氧化物酶（POD）和多酚氧化酶（PPO）活性测定的原理及方法。

二、实验原理

过氧化物酶催化过氧化氢氧化酚类的反应，产物为醌类化合物，此化合物进一步缩合或与其他分子缩合，产生颜色较深的化合物。多酚氧化酶则催化分子态氧，将酚类化合物氧化为醌类化合物。

本实验以愈创木酚为过氧化物酶的底物，在此酶存在下，过氧化氢将愈创木酚氧化，生成茶褐色产物。此产物在波长 470nm 处有最大光吸收，故可通过测 470nm 处吸光度的变化来测定过氧化物酶的活性。本实验以儿茶酚为多酚氧化酶的底物，其氧化产物在波长 525nm 处有最大光吸收。

三、试剂与器材

1. 仪器

721 型分光光度计，离心机，研钵，容量瓶（25mL），量筒，试管，移液管，水浴锅。

2. 材料

马铃薯。

3. 试剂

（1）0.05mol/L 磷酸缓冲液（pH 5.5）。

（2）0.05mol/L 愈创木酚溶液。

（3）2%H_2O_2 溶液。

（4）0.1mol/L 儿茶酚溶液。

（5）20%三氯乙酸溶液。

四、操作步骤

1. 酶液的制备

取 5.0g 洗净去皮的马铃薯块茎，切碎，放入研钵中，加适量的磷酸缓冲液研磨成匀浆。将匀浆液全部转入离心管中，以 3 000r/min 离心 10min，上清液转入 25mL 容量瓶中，沉淀用 2mL 磷酸缓冲液提取 2 次，上清液并入容量瓶中，定容至刻度，低温下保存备用。

2. 过氧化物酶活性的测定

测定酶活性的反应体系包括 2.9mL 0.05mol/L 磷酸缓冲液、1.0mL 2% H_2O_2 溶液、1.0mL 0.05mol/L 愈创木酚溶液和 1mL 酶液。用在沸水中加热 5min 的酶液为对照，做一组重复实验。反应体系加入酶液后，立即于37℃水浴中保温15min，然后迅速转入冰浴中，并加入0.2mL 20%三氯乙酸溶液终止反应。然后过滤(或以5 000r/min 离心10min)，适当稀释，用721型分光光度计在波长470nm处测反应体系的吸光度。

3. 多酚氧化酶活性的测定

测定酶活性的反应体系包括3.9mL 0.05mol/L磷酸缓冲液、1mL 0.1mol/L儿茶酚溶液和0.1mL酶液。以煮过失活的酶液为对照，做一组重复实验。反应体系加入酶液后，于37℃保温10min，然后迅速转入冰浴中，并加入2.0mL 20%三氯乙酸溶液，以5 000r/min离心10min，收集上清液，并适当稀释，于波长525nm处测定反应体系的吸光度。

五、结果处理

以每分钟A_{470nm}变化0.01为1个过氧化物酶活力单位。

以每分钟A_{525nm}变化0.01为1个多酚氧化酶活力单位。

$$酶活性[U/(g \cdot min)] = \frac{\Delta A \times V_T}{m \times V_S \times 0.01 \times t}$$

式中：ΔA——反应时间内吸光度的变化；

m——马铃薯鲜重，g；

t——反应时间，min；

V_T——提取酶液总体积，mL；

V_S——测定时取用酶液体积，mL。

【注意事项】

酶液的提取过程要尽量在低温条件下进行。H_2O_2要在反应开始前加，不能直接加入。

【思考题】

测定过氧化物酶和多酚氧化酶活性的生理意义是什么？还有哪些方法可以测定过氧化物酶活力？

实验三十四　碱性磷酸酶分离提取及比活力测定

一、实验目的

1. 了解从生物样品中提取酶的一般方法。
2. 掌握碱性磷酸酶比活性测定的原理和方法。

二、实验原理

本实验采用有机溶剂沉淀法从肝脏匀浆中分离提取碱性磷酸酶(AKP)。肝脏匀浆经正丁醇提取及有机溶剂沉淀，获得碱性磷酸酶制品。

碱性磷酸酶与磷酸苯二钠作用生成酚和磷酸，在碱性溶液中酚与4-氨基安替吡啉作用经铁氰化钾氧化生成红色醌衍生物，根据颜色深浅可以测定酶活力并计算出酶的活力单位。每克组织蛋白在37℃与基质作用15min产生1mg酚为1活力单位。

三、试剂与器材

1. 仪器

分光光度计，冷冻离心机，电子天平，匀浆器，剪刀，玻璃棒，玻璃漏斗，滤纸。

2. 材料

新鲜兔肝。

3. 试剂

(1)0.5mol/L乙酸镁溶液　107.25g乙酸镁溶于蒸馏水中，定容至1 000mL。

(2)0.1mol/L乙酸钠溶液　8.2g乙酸钠溶于蒸馏水中，定容至1 000mL。

(3)0.01mol/L乙酸镁-0.01mol/L乙酸钠溶液　准确吸取0.5mol/L乙酸镁溶液20mL和0.1mol/L乙酸钠溶液100mL，混匀后定容至1 000mL。

(4)0.01mol/L Tris缓冲液　称取12.1g三羟甲基氨基甲烷(Tris)，用蒸馏水溶解后定容至1 000mL，即为0.1mol/L Tris溶液。取0.1mol/L Tris溶液100mL，加蒸馏水约800mL，再加0.1mol/L乙酸镁溶液100mL，混匀后用1%冰乙酸调pH 8.8，用蒸馏水定容至1 000mL，即为0.01mol/L Tris缓冲液。

(5)正丁醇、丙酮、95%乙醇均为分析纯试剂。

(6)碱性磷酸酶(AKP)测定试剂盒

试剂一：缓冲液；

试剂二：基质液；

试剂三：显色剂；

试剂四：酚标准贮备液。

四、操作步骤

1. 碱性磷酸酶的提取

(1)称取2g新鲜兔肝，剪碎，置于匀浆器中，加入0.01mol/L乙酸镁-0.01mol/L乙酸钠溶液2.0mL，磨成匀浆，将匀浆液转移至刻度离心管中，用0.01mol/L乙酸镁-0.01mol/L乙酸钠溶液4.0mL冲洗匀浆器一并移入刻度离心管，记录体积V_A，此为A液。另取2支试管，编号为A_1和A_2。A_1试管中加入A液0.1mL和0.01mol/L pH 8.8 Tris缓冲液4.9mL，混匀，供测酶活性用。A_2试管中加入A液0.1mL和4.9mL生理盐水，供测定蛋白质含量用。

(2)加正丁醇2.0mL于剩余的A液中，用玻璃棒充分搅拌3~5min。室温放置30min后，用滤纸过滤，滤液置离心管中。滤液中加入等体积冷丙酮后立即混匀，2 000r/min离心5min，弃去上清液，向沉淀中加入0.5mol/L乙酸镁溶液4.0mL，充分搅拌溶解，记录体积V_B，此为B液。准备2支试管，编号B_1和B_2。吸取B液0.1mL，置于B_1试管中，加入0.01mol/L pH 8.8 Tris缓冲液4.9mL，供测酶活用。再吸取B液0.1mL，置于B_2试管中，加入生理盐水4.9mL，供测定蛋白质含量用。

(3)量取剩余B液体积，并计算出使乙醇终浓度为30%需要加入的95%冷乙醇的量。按计算量加入乙醇，混匀，立即离心5min(2 500r/min)，量取上清液体积。倒入另一支离心管中，弃去沉淀。向上清液中加入95%冷乙醇，使乙醇终浓度达60%，混匀后立即离心5min(2 500r/min)，弃去上清液，向沉淀中加入0.01mol/L乙酸镁-0.01mol/L乙酸钠溶液4.0mL，充分搅拌溶解。记录体积V_C，此为C液。准备2支试管，编号C_1和C_2。吸取C液0.1mL置于编号为C_1的试管中，加入0.01mol/L pH 8.8 Tris缓冲液1.9mL，供测酶活性用。再吸取C液0.1mL置于编号为C_2的试管中，加入生理盐水0.4mL，供测定蛋白质含量用。

(4)量取剩余C液体积，向C液中逐滴加入冷丙酮，使丙酮最终浓度达33%，混匀，2 000r/min离心5min，弃去沉淀。量取上清液体积后转移至另一支离心管中，再缓缓加入冷丙酮，使丙酮最终浓度达50%，混匀后立即离心5min(2 000r/min)，弃去上清液，沉淀为部分纯化的碱性磷酸酶。向此沉淀中加入0.01mol/L pH 8.8 Tris缓冲液5.0mL，使沉淀溶解，记录体积V_D，此为D液。吸取D液0.1mL置于编号为D_1的试管中，加入0.01mol/L pH 8.8 Tris缓冲液0.9mL，供测酶活性用。剩余D液测蛋白质含量用。

2. 碱性磷酸酶比活性测定

(1)取6支试管，编号，按表6-9操作。

上述操作完成后，立即混匀，于波长520nm下，空白管调零，测定各管吸光度。

(2)碱性磷酸酶比活力及得率，见表6-10。

表 6-9 碱性磷酸酶活力的测定

试剂	待测液 A	待测液 B	待测液 C	待测液 D	标准管	空白管
1%组织匀浆/mL	0.03	0.03	0.03	0.03	—	—
0.1mg/mL 酚标准液/mL	—	—	—	—	0.03	—
双蒸水/mL	—	—	—	—	—	0.03
缓冲液/mL	0.5	0.5	0.5	0.5	0.5	0.5
基质液/mL	0.5	0.5	0.5	0.5	0.5	0.5
充分混合均匀，37℃水浴 15min						
显色剂/mL	1.5	1.5	1.5	1.5	1.5	1.5
每毫升酶活力单位					—	—

表 6-10 碱性磷酸酶的提纯

分离阶段	总体积/mL	蛋白质质量浓度/(mg/mL)	总蛋白质/mg	每毫升酶活力单位	总活力单位	比活力/(U/mL)	纯化倍数	得率/%
匀浆(A 液)								
第一次丙酮沉淀(B 液)								
第二次乙醇沉淀(C 液)								
第三次丙酮沉淀(D 液)								

五、结果处理

(1)按下列公式计算样液中碱性磷酸酶的活力单位：

每毫升待测液中 AKP 活力单位(U/mL)=

$$\frac{\text{测定管吸光度}}{\text{标准管吸光度}}\times\frac{\text{标准管的酚质量(0.003mg)}}{\text{样品体积(0.03mL)}}\times\text{稀释倍数}$$

(2)样品中蛋白质含量测定参考实验十七。

(3)按下列公式计算比活性、纯化倍数、得率：

$$\text{AKP 的比活性(U/mg)}=\frac{\text{每毫升待测液中 AKP 的活性单位数}}{\text{每毫升待测液中蛋白质质量}}$$

$$\text{纯化倍数}=\frac{\text{各阶段比活力值}}{\text{匀浆(A 液) 比活力值}}$$

碱性磷酸酶总活力单位=每毫升样品中碱性磷酸酶的活力单位×样品体积数

$$\text{碱性磷酸酶各阶段得率}=\frac{\text{各阶段酶的总活力单位}}{\text{匀浆(A 液) 中酶的总活力单位}}\times 100\%$$

【思考题】

1. 测定碱性磷酸酶比活性的意义是什么？
2. 碱性磷酸酶提取、纯化过程中的注意事项有哪些？

第七章　维生素

实验三十五　胡萝卜色素的测定——色谱分离法

一、实验目的

1. 掌握胡萝卜色素的测定原理和方法。

2. 掌握吸附层析的原理和技术。

二、实验原理

胡萝卜色素的分子式为 $C_{40}H_{56}$，依据其环的结构差异可分为 α-胡萝卜素，β-胡萝卜素和 γ-胡萝卜素，是主要的维生素 A 原。它可溶于乙醇、石油醚和丙酮中，因此可用以上溶剂进行提取。其他色素(叶绿素、叶黄素、番茄红素等)也溶于以上溶剂，所以提取液还必须经过一定的吸附剂把色素吸附出来。胡萝卜素极性最小，移动速度最快，用石油醚等有机溶剂可把胡萝卜素洗脱下来，在其最大吸收峰(450nm)下测定光密度值(OD)，从而推算样品中胡萝卜素的含量。

吸附层析法是指混合物随流动相通过吸附剂时，由于吸附剂对不同物质有不同的吸附力而使混合物分离的方法，吸附过程是一个不断吸附与解吸附的过程，在亲脂性成分的分离制备中，常以氧化铝为吸附剂，它具有较高的吸附容量，分离效果好。

三、试剂与器材

1. 仪器

研钵，水果刀，小量筒，烧杯，层析柱(为 1.0cm×25cm 的玻璃柱，底端收缩变细，距底端上 1cm 处有一筛板，孔径为 16~30μm，用前需干燥)，抽气机，干燥器，电子天平，可见分光光度计。

2. 材料

新鲜胡萝卜。

3. 试剂

(1)重铬酸钾标准溶液　取 36mg 分析纯的重铬酸钾溶解于 100mL 蒸馏水中(此溶液 1mL 颜色相当于 0.002 08mg 的胡萝卜素)。

(2)不同比例石油醚(沸程 30~60℃)、丙酮混合液。

(3)三氧化二铝　层析用，100~200 目，140℃干燥 2h，取出放入干燥器备用。

(4)无水硫酸钠　研钵烘干。

四、操作步骤

(1)取 1.5g 新鲜胡萝卜，切碎放入研钵中适量研磨。

(2)磨细后，加入约 5g 无水硫酸钠，搅匀再加入石油醚、丙酮混合液(80∶20)8mL，研磨至均匀细腻的粉末状。

(3)层析柱的准备　取干燥、清洁的层析柱，装入约 8g 三氧化二铝，装时以手轻敲玻璃壁，使其均匀，然后将层析柱接在抽气机上抽气(使其更均匀)，备用。在层析柱下用烧杯接取洗脱液。

(4)样品层析　将研磨细的样品小心装入准备好的层析柱中，装时以手轻敲玻璃壁，使其均匀，并在样品上覆盖少许无水硫酸钠。连续用石油醚、丙酮混合液(95∶5)进行洗脱，每次大约 5mL，并使上面保持不干，直至洗脱液中不带黄色，把胡萝卜素全部提取出来为止。记录洗脱液的总量，用可见分光光度计在波长 450nm 处进行比色，测定 OD_{450}。

五、结果处理

$$100\text{g 样品中胡萝卜素的毫克数}=\frac{(OD_{样}/OD_{标})\times C\times V\times 100}{m}$$

式中：$OD_{样}$——样品溶液的吸光度值；

$OD_{标}$——重铬酸钾标准溶液的吸光度值；

C——0.002 08(1mL 重铬酸钾标准溶液相当于 0.002 08mg 胡萝卜素)；

V——洗脱液的总体积，mL；

m——样品的质量，g。

【思考题】

简述胡萝卜素测定中的注意事项。

实验三十六　核黄素荧光光度定量测定法

一、实验目的

1. 了解荧光法测定核黄素的原理和方法。
2. 学习荧光光度计的操作和使用方法。
3. 掌握荧光定量分析工作曲线法。

二、实验原理

核黄素(维生素 B_2)是一种异咯嗪衍生物，易溶于水而不溶于乙醚等有机溶剂，在中性及酸性溶液中稳定，光照易分解，对热稳定。其在水及乙醇等中性溶液中为黄色，并且有很强的荧光，这种荧光在碱性溶液中易被破坏，故测定时溶液需控制在酸性范围内。核黄素可被亚硫酸盐还原成无色的二氢化物，同时失去荧光，因而样品的荧光背景可以被测定。二氢化物在空气中易重新氧化，恢复其荧光，其反应如下：

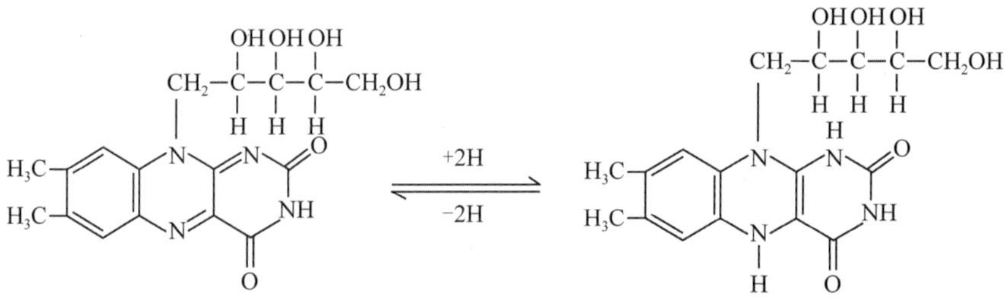

核黄素的激发光波长范围为440~500nm(一般定为460nm)，发射光波长范围为510~550nm(一般定为520nm)。利用核黄素在稀溶液中荧光的强度与核黄素的浓度成正比可进行定量分析。

三、试剂与器材

1. 仪器

970型荧光光度计，容量瓶(100mL)，试管(1.5cm×15cm)，移液管(0.50mL，2.0mL，5.0mL，10.0mL)，量筒(100mL，1 000mL)，水浴锅。

2. 材料

核黄素片(5mg/片)，蛋黄粉，大豆。

3. 试剂

(1)连二亚硫酸钠(保险粉)或亚硫酸钠。

(2)6mol/L 乙酸。

四、操作步骤

1. 标准曲线的绘制

首先配制核黄素标准溶液：准确称取 10mg 核黄素，放入预先装有约 50mL 蒸馏水的 1 000mL 容量瓶中，加入 5mL 6mol/L 乙酸，再加入大约 800mL 水，置水浴中避光加热直至溶解，冷却至室温，用蒸馏水再定容至 1 000mL，混匀。

将配好的 10μg/mL 核黄素标准溶液，按表 7-1 所列比例稀释成 6 个标准溶液。

表 7-1　核黄素的测定——标准曲线绘制

试　剂	0	1	2	3	4	5
10μg/mL 核黄素标准溶液/mL	0	2.0	1.5	1.0	0.5	0.2
蒸馏水/mL	10	8.0	8.5	9.0	9.5	9.8
总体积/mL	10	10	10	10	10	10
含量/(μg/mL)	0	2.0	1.5	1.0	0.5	0.2
还原前荧光强度 F_1						
连二亚硫酸钠/mg	10	10	10	10	10	10
还原后荧光强度 F_2						
还原前后荧光强度之差						

2. 样品溶液的配制

将被测的样品(如核黄素药片、维生素 B_2 针剂等)参照标准溶液的含量范围和溶剂体系配制成测定溶液。对于食物和生物材料中的核黄素测定，一定需要事先经过抽提，或经过分离、纯化处理。

3. 荧光测定

参照荧光光度计的使用说明，进行仪器的操作。确定核黄素荧光测定的激发光波长为 460nm，发射光波长为 520nm。待仪器预热并调好零点后，用 0 号标准溶液(2.5μg/mL)作为参比溶液，分别测定其他标准溶液和样品溶液的相对荧光强度(F_1)，在测定中如果样品溶液的荧光强度超出 100%则需要再进行稀释。

需要注意的是，如果测定的样品是食品或生物原料，为了消除其他荧光物质的干扰，在上述每一个测定溶液测定完毕后，需要重新倒回到相应的试管内，在每管测定的溶液中分别加入约 10mg 连二亚硫酸钠，经混合溶解后，再重新测定荧光强度(F_2)。

五、结果处理

每一个测定溶液的荧光强度读数校正公式为：

$$F = F_1 - F_2$$

式中：F——校正后的荧光强度；

F_1——还原时测得的荧光强度；

F_2——还原后测得的荧光强度。

以标准溶液校正后的荧光强度为纵坐标，相应的含量为横坐标，绘制核黄素测定的标准曲线。

将样品溶液校正后的荧光强度在工作曲线上查出相应的含量。

【思考题】

1. 荧光光度法和紫外分光光度法相比较有哪些异同?
2. 整个实验过程中的注意事项有哪些?

实验三十七　还原性维生素 C 的定量测定

一、实验目的

熟练掌握还原性维生素 C 定量测定的基本原理及方法。

二、实验原理

维生素 C 广泛存在于动、植物中，包括还原性维生素 C(抗坏血酸) 和氧化性维生素 C(脱氢抗坏血酸)，新鲜的样品中以前者含量最高。

还原性维生素 C 很不稳定，易被碱、热、光、氧、金属离子(Cu^{2+}、Fe^{3+})及维生素 C 氧化酶等因素所破坏。在中性和微酸性条件下稳定，用酸性溶液提取还可以抑制维生素 C 氧化酶的作用。故一般常用草酸、三氯乙酸、乙酸等来提取样品中的维生素。

利用还原性维生素 C 能还原氧化型的 2,6-二氯酚靛酚(在酸性条件下为玫瑰色)为还原型 2,6-二氯酚靛酚(无色)的原理，可以测定还原性维生素 C 的含量。但是，由于样品中一般除含有还原性维生素 C 外，还含有其他的还原性物质，它们也可使氧化型的 2,6-二氯酚靛酚还原，从而影响还原性维生素 C 的测定。因此，本实验首先测定出样品中总还原性物质总量，然后利用甲醛与还原性维生素 C 结合，以氧化 2,6-二氯酚靛酚滴定非维生素 C 还原性物质，测定出非维生素 C 还原性物质含量，从而间接求得还原性维生素 C 的含量。

三、试剂与器材

1. 仪器

研钵和研棒，烧杯，刀，微量滴定管，容量瓶，移液管，漏斗，漏斗架，锥形瓶，滤纸，试管。

2. 材料

动物肌肉(或苹果、枣、番茄等)。

3. 试剂

(1) 10%乙酸溶液。

(2) 氧化型 2,6-二氯酚靛酚液　称取 4~10mg 氧化型 2,6-二氯酚靛酚，置研钵内磨碎，加水 200mL，过滤，将滤液移入褐色瓶中，置冰箱内保存。

(3) 还原性维生素 C 标准液　称取 4mg 还原性维生素 C 晶体，用 2%偏磷酸溶液溶解定容至 100mL，移入褐色瓶中，置冰箱内保存。

(4) 0.001mol/L 碘酸钾溶液　先配制 0.01mol/L 碘酸钾原液，即准确称取 0.357g 纯碘酸钾，用少量蒸馏水溶于小烧杯内，再置于 100mL 容量瓶中，加蒸馏水至刻度。取此原液 10mL 于 100mL 容量瓶中，用蒸馏水稀释至刻度，即为 0.001mol/L 碘酸钾溶液。

(5) 6% KI 溶液　用时必须用淀粉液检查，如有游离碘，就不能使用。

(6)1%淀粉液。

(7)乙酸缓冲液 取50%乙酸钠20mL，加冰乙酸20mL和水60mL，混匀即成。

(8)中性甲醛液 取40%甲醛100mL，加酚酞指示剂2~3滴，用0.1mol/L NaOH溶液滴定至微红色为止。

(9)甲醛-乙酸缓冲液 取中性甲醛液与乙酸缓冲液等量混合，置于褐色瓶中保存。

四、操作步骤

1. 标准还原性维生素C的标定

取标准还原性维生素C溶液1mL放入试管中，加6% KI溶液0.01mL及1%淀粉液1滴，用微量滴定管以0.001mol/L碘酸钾溶液进行滴定，每滴下1滴即充分摇匀，滴至出现青蓝色为止，记下碘酸钾用量。

还原性维生素C的相对分子质量为176，在酸性溶液中一分子还原性维生素C可被2个碘原子氧化，因此0.001mol/L碘酸钾每毫升相当于0.088mg还原性维生素C，由此可求出每毫升标准维生素液中还原性维生素C的含量。

2. 2,6-二氯酚靛酚液的标定

取标准维生素C液1mL于锥形瓶中，用2,6-二氯酚靛酚液滴定，每滴下1滴即充分混匀，滴至微红色在30s内不褪色为止，记下2,6-二氯酚靛酚液用量(毫升数)，用它去除还原性维生素C标准液1mL内所含还原性维生素C的毫克数，即得2,6-二氯酚靛酚液每毫升相当于还原性维生素C的毫克数。

3. 样品中还原性维生素C含量的测定

(1)取1g动物肌肉，切碎放入研钵中，加入10%乙酸溶液9mL，研成匀浆，放置5~10min，过滤或离心分离。

(2)取2支试管，标记A、B，各加入上述滤液或上清液1mL。

(3)用标定的2,6-二氯酚靛酚液滴定A试管，每滴1滴，充分摇匀，直至呈现微红色保持30s不褪色为止，记下2,6-二氯酚靛酚液用量a。

(4)在B管内加入甲醛乙酸缓冲混合液1mL，充分混匀后放置10min，然后用同样方法以2,6-二氯酚靛酚液滴定，并记下其用量b。

五、结果处理

$$\text{每百克样品中含还原性维生素C的毫克数}=(a-b)\times C\times V\times 100$$

式中：C——2,6-二氯酚靛酚液1mL相当还原性维生素C的毫克数；

V——样品提取液稀释倍数。

【思考题】

1. 简述实验中定量测定还原性维生素C的基本原理。
2. 测定还原性维生素C时，应注意哪些事项?

第八章　物质代谢与生物氧化

实验三十八　生物组织中丙酮酸含量的测定

一、实验目的

1. 掌握测定植物组织中丙酮酸含量的原理和方法。
2. 增加对新陈代谢的感性认识。

二、实验原理

丙酮酸是一种重要的中间代谢物。植物样品组织液用三氯乙酸除去蛋白质后，其中所含的丙酮酸可与2,4-二硝基苯肼反应，生成丙酮酸-2,4-二硝基苯腙，后者在碱性溶液中呈樱红色，其颜色深度可用分光光度计测量。与同样处理的丙酮酸标准曲线进行比较，即可求得样品中丙酮酸的含量。

三、试剂与器材

1. 仪器

分光光度计，离心机，容量瓶（100mL），研钵，具塞刻度试管（15mL），刻度吸管（1mL，5mL），电子天平。

2. 材料

大葱、洋葱或大蒜的鳞茎。

3. 试剂

（1）1.5mol/L NaOH 溶液。

（2）8%三氯乙酸溶液（当日配制，置冰箱中备用）。

（3）0.1% 2,4-二硝基苯肼溶液　称取 100mg 2,4-二硝基苯肼，溶于 2mol/L HCl 中定容至 100mL，盛入棕色试剂瓶，保存于冰箱内。

（4）丙酮酸标准液（60μg/mL）　精确称取 7.5mg 丙酮酸钠，用 8%三氯乙酸溶液溶解并定容至 100mL，保存于冰箱内。此溶液为 60μg/mL 丙酮酸原液。

（5）石英砂。

四、操作步骤

1. 丙酮酸标准曲线的制作

取 6 支试管，编号，按表 8－1 加入试剂，配制成不同浓度的丙酮酸标准液。

表8-1 不同浓度的丙酮酸标准液配制表

管 号	1	2	3	4	5	6
丙酮酸原液量/mL	0	0.3	0.6	0.9	1.2	1.5
8%三氯乙酸量/mL	3.0	2.7	2.4	2.1	1.8	1.5
丙酮酸浓度/(μg/mL)	0	6	12	18	24	30

在上述各管中分别加入 1.0mL 0.1% 2,4-二硝基苯肼溶液，摇匀，再加入 5mL 1.5mol/L NaOH 溶液，摇匀显色，在波长 520nm 下测定吸光度。以丙酮酸浓度为横坐标，吸光度为纵坐标，绘制标准曲线。

2. 植物样品提取液的制备

称取 5g 植物样品(大葱、洋葱或大蒜)于研钵内，加少许石英砂及 8mL 8%三氯乙酸溶液，仔细研成匀浆，再用 8%三氯乙酸溶液洗入 100mL 容量瓶中(石英砂则留在研钵中)，定容至刻度。塞紧瓶塞，振摇混均，静置 30min。取约 10mL 匀浆液 4 000r/min 离心 10min，取上清液备用。

3. 植物样品组织液中丙酮酸的测定

取 3.0mL 上清液于一刻度试管中，加 1.0mL 0.1% 2,4-二硝基苯肼溶液，摇匀，再加 5.0mL 1.5mol/L NaOH 溶液，摇匀显色，静置 10min，在波长 520nm 下比色，记录吸光度，在标准曲线上查得溶液中的丙酮酸浓度。

五、结果处理

$$\text{样品中丙酮酸含量(mg/g 鲜重)} = \frac{A \times \text{稀释倍数}}{\text{质量(g)} \times 1\,000}$$

式中：A——在标准曲线上查得的丙酮酸的浓度。

【注意事项】

1. 所加试剂的顺序不可颠倒，先加丙酮酸标准液或待测液，再加 8%三氯乙酸溶液，最后加 1.5mol/L NaOH 溶液。
2. 应在反应 10min 后再比色。
3. 标准曲线的各点应分布均匀，范围适中。

【思考题】

1. 测定丙酮酸含量的基本原理是什么?
2. 制作丙酮酸标准曲线时为什么以 8%三氯乙酸溶液为空白对照?

实验三十九　味精中谷氨酸钠的测定

一、实验目的

1. 掌握味精中谷氨酸钠的测定原理和方法。
2. 了解测定谷氨酸钠的意义。

二、实验原理

谷氨酸钠是味精的主要成分，也是评定味精等级的主要指标。味精中的谷氨酸钠含有1分子结晶水，其分子式为：NaOOC—CH_2—CH_2—CH(NH_2)—COOH·H_2O，相对分子质量187。对于它的测定常用的方法有：高氯酸非水溶液滴定法、旋光法和甲醛滴定法。

本实验采用甲醛滴定法。利用氨基酸的两性作用，加入甲醛以固定氨基的碱性，使羧基显示出酸性，用NaOH标准溶液滴定后定量，以酸度计测定终点。

三、试剂与器材

1. 仪器

电子天平，磁力搅拌器，容量瓶(100mL)，烧杯(200mL)，量筒(100mL)，移液管(10mL)，酸度计，碱式滴定管。

2. 材料

味精。

3. 试剂

(1)甲醛。

(2)0.05mol/L NaOH标准溶液　准确称取0.2g NaOH定容于100mL容量瓶中。

四、操作步骤

(1)称取0.5g味精于200mL烧杯中，加入蒸馏水60mL溶解试样。

(2)用0.05mol/L NaOH标准溶液滴定至酸度计指示pH 8.2。

(3)加入10mL甲醛，开动磁力搅拌器，混匀。

(4)用0.05mol/L NaOH标准溶液滴定至pH 9.6，记录加入甲醛后消耗的0.05mol/L NaOH标准溶液体积数，同时做试剂空白试验。

五、结果处理

$$W(\text{谷氨酸钠})=\frac{c\times(V-V_0)\times K}{m}\times 100\%$$

式中：c——NaOH标准溶液的浓度，mol/L；

V——加入甲醛后样品液消耗 NaOH 标准溶液的体积，mL；

V_0——加入甲醛后空白试验消耗 NaOH 标准溶液的体积，mL；

m——样品质量，g；

K——谷氨酸钠的摩尔质量，无结晶水时为 0.169，含有 1 分子结晶水时为 0.187。

【思考题】

1. 对比测定谷氨酸钠几种方法的优缺点？
2. 实验操作中的注意事项有哪些？

实验四十　脂肪酸的β-氧化

一、实验目的

了解脂肪酸的β-氧化作用机制及学习一种研究代谢作用的方法。

二、实验原理

在肝脏中，脂肪酸经β-氧化作用生成乙酰辅酶 A。两分子乙酰辅酶 A 可缩合成乙酰乙酸。乙酰乙酸可脱羧生成丙酮，也可还原生成β-羟丁酸。乙酰乙酸、β-羟丁酸和丙酮总称为酮体。酮体为机体代谢的中间产物，在正常情况下，其产量甚微；患糖尿病或食用高脂肪膳食时，血中酮体含量增高，尿中也能出现酮体。酮体的生成过程如下：

$$\underset{\text{丁酸}}{CH_3CH_2CH_2COOH} \xrightarrow{-2H} \underset{\text{烯丁酸}}{CH_3CH{=}CHCOOH}$$

$$\underset{\text{烯丁酸}}{CH_3CH{=}CHCOOH} \xrightarrow{+H_2O} \underset{\beta\text{-羟丁酸}}{CH_3CHOHCH_2COOH}$$

$$\underset{\beta\text{-羟丁酸}}{CH_3CHOHCH_2COOH} \xrightarrow{-2H} \underset{\beta\text{-酮丁酸(乙酰乙酸)}}{CH_3COCH_2COOH}$$

$$\underset{\beta\text{-酮丁酸(乙酰乙酸)}}{CH_3COCH_2COOH} \xrightarrow{\text{脱羧}} \underset{\text{丙酮}}{CH_3COCH_3}$$

本实验用新鲜肝糜与丁酸保温反应，生成的丙酮可用碘仿反应测定。在碱性条件下，丙酮与碘生成碘仿，反应式如下：

$$2NaOH + I_2 \rightleftharpoons NaOI + NaI + H_2O$$

$$CH_3COCH_3 + 3NaOI \rightleftharpoons CHI_3 + CH_3COONa + 2NaOH$$

剩余的碘可用标准硫代硫酸钠滴定，反应如下：

$$NaOI + NaI + 2HCl \rightleftharpoons I_2 + 2NaCl + H_2O$$

$$I_2 + 2Na_2S_2O_3 \rightleftharpoons Na_2S_4O_6 + 2NaI$$

根据滴定样品与滴定对照样所消耗的硫代硫酸钠溶液体积之差，可以计算出由正丁酸氧化生产丙酮的量。

三、试剂与器材

1. 仪器

试管，试管架，小烧杯，剪刀和镊子，锥形瓶(50mL)，漏斗，滤纸，移液管(2mL，5mL)，恒温水浴锅，电子天平，微量滴定管(5mL)，玻璃皿，碘量瓶，匀浆机。

2. 材料

动物(如兔、大鼠或鸡等)的新鲜肝组织。

3. 试剂

(1)0.1mol/L 碘溶液　称取 12.7g 碘和约 25g KI，溶于水中，稀释至 100mL，混匀，用标准硫代硫酸钠溶液标定。

(2)0.5mol/L 正丁酸溶液　取 5mL 正丁酸，用 0.5mol/L NaOH 溶液中和至 pH 7.6，并稀释至 100mL。

(3)标准 0.05mol/L 硫代硫酸钠溶液　称取 24.82g $Na_2S_2O_3 \cdot 5H_2O$ 和 400mg 无水 Na_2SO_4，溶于 1 000mL 刚煮沸而冷却的蒸馏水中。按下法进行标定：准确称取 0.357g KIO_3，加蒸馏水定容至 100mL，即得 0.0167mol/L KIO_3 溶液。准确量取此溶液 20mL 置于 100mL 锥形瓶中，加入 KI 2g 及 0.5mol/L H_2SO_4 溶液 10mL，摇匀，以 0.5%淀粉溶液为指示剂，用 0.05mol/L 硫代硫酸钠溶液滴定，根据滴定所消耗硫代硫酸钠溶液的量，计算其浓度。

(4)标准 0.01mol/L 硫代硫酸钠溶液　临用时将已标定的 0.05mol/L 硫代硫酸钠溶液稀释成 0.01mol/L。

(5)0.5mol/L H_2SO_4 溶液　将 10mL 浓 H_2SO_4 加入蒸馏水中，稀释至 360mL。

(6)0.5%淀粉溶液。

(7)0.9% NaCl 溶液。

(8)10% HCl 溶液。

(9)10% NaOH 溶液。

(10)15%三氯乙酸溶液。

(11)1/15mol/L 磷酸缓冲液(pH 7.6)。

四、操作步骤

1. 肝脏匀浆的制备

击毙动物(鸡、兔、大鼠或豚鼠)，迅速放血，取出肝脏，用 0.9% NaCl 溶液洗去污血，用滤纸吸去表面的水分。称取 5g 肝组织置玻璃皿上，剪碎，倒入搅拌机搅碎呈匀浆，再加 0.9% NaCl 溶液至总体积为 10mL。

2. 酮体的生成

取 2 个锥形瓶，编号，按表 8-2 操作。

表 8-2　酮体的生成

试　剂/mL	1	2
肝匀浆	2.0	2.0
水	—	2.0
1/15mol/L 磷酸缓冲液(pH 7.6)	3.0	3.0
0.5mol/L 正丁酸溶液	2.0	—

将上述 2 个锥形瓶内试剂混匀，置于 43℃恒温水浴中保温 1.5h。保温完毕，各加入 3mL 15%三氯乙酸溶液，在对照瓶中追加 2mL 0.5mol/L 正丁酸溶液，摇匀，静置 15min 后过滤，收集滤液。

3. 酮体的测定

另取锥形瓶2个，编号，按表8-3操作。

表8-3 酮体的测定

试 剂/mL	Ⅰ(试验)	Ⅱ(对照)	Ⅲ(空白)
滤液1	2.0	—	—
滤液2	—	2.0	—
水	—	—	2.0
0.1mol/L 碘溶液	3.0	3.0	3.0
10%NaOH 溶液	3.0	3.0	3.0

将上述3个锥形瓶内试剂混匀，静置10min，分别加入3mL 10%HCl溶液，然后用标准0.01mol/L硫代硫酸钠溶液滴定剩余的碘，滴至浅黄色时，加入3滴0.5%淀粉溶液作指示剂，摇匀，并继续滴到蓝色恰好刚刚消失。记录滴定试验样品和对照样品所用的硫代硫酸钠溶液体积。

五、结果处理

根据滴定试验样品与对照样品所消耗的硫代硫酸钠溶液体积之差，可以计算由正丁酸氧化生成的丙酮的量。

$$\text{肝脏生成丙酮的量} = (V_1 - V_2) \times M_{Na_2S_2O_3} \times \frac{1}{6}$$

式中：V_1——滴定对照样品所消耗的0.01mol/L硫代硫酸钠溶液的体积，mL；

V_2——滴定试验样品所消耗的0.01mol/L硫代硫酸钠溶液的体积，mL；

$M_{Na_2S_2O_3}$——标准硫代硫酸钠溶液的浓度，0.01mol/L。

【注意事项】

1. 肝匀浆必须新鲜，放置过久则失去氧化脂肪酸能力。
2. 三氯乙酸的作用是使肝匀浆的蛋白质、酶变性，发生沉淀。
3. 碘量瓶的作用是防止碘液挥发，不能用锥形瓶代替。

【思考题】

1. 为什么测定碘仿反应中剩余的碘可以计算出样品中丙酮的含量？

2. 何为酮体？为什么正常代谢时产生的酮体量很少？在什么情况下血中酮体含量增高？

第九章　综合实验

实验四十一　酵母蔗糖酶的提取及其性质研究

自 1860 年 Bertholet 从啤酒酵母 *Sacchacomyces cerevisiae* 中发现了蔗糖酶以来，它已被广泛地进行了研究。蔗糖酶(invertase)(β-D-呋喃果糖苷果糖水解酶，fructofuranoside fructohydrolase，EC. 3. 2. 1. 26)特异地催化非还原糖中的 β-D-呋喃果糖糖苷键水解，具有相对专一性。该酶不仅能催化蔗糖水解生成葡萄糖和果糖，也能催化棉子糖水解生成蜜二糖和果糖。

该酶以两种形式存在于酵母细胞膜的外侧和内侧。在细胞膜外细胞壁中的称为外蔗糖酶(external yeast invertase)，其活力占蔗糖酶活力的大部分，是含有 50%糖成分的糖蛋白；在细胞膜内侧细胞质中的称为内蔗糖酶(internal yeast invertase)，含有少量的糖。两种酶的蛋白质部分均为亚基二聚体，两种形式的酶的氨基酸组成不同，外酶 2 个亚基比内酶多 2 个氨基酸(Ser 和 Met)，它们的相对分子质量也不同，外酶约为 27 万(或 22 万，与酵母的来源有关)，内酶约为 13. 5 万。尽管这两种酶在组成上有较大的差别，但其底物专一性和动力学性质仍十分相似。

本实验提取的酶未区分内酶与外酶，是直接从酵母粉中进行提取。用测定生成还原糖(葡萄糖和果糖)的量来测定蔗糖水解的速度，在给定的实验条件下，以每分钟水解底物的量定为蔗糖酶的活力单位。比活力为每毫克蛋白质的活力单位数。

该实验共有 4 个分实验，涵盖了酶分离纯化、鉴定及其酶学性质研究的部分内容，为学生提供了一个较全面的实践机会，从中学习有关酶的分离纯化及其相关研究。

Ⅰ　蔗糖酶的提取及部分纯化

一、实验目的

1. 学习微生物细胞破壁方法。
2. 了解有机溶剂沉淀蛋白质的原理。

二、实验原理

微生物细胞壁可以在物理因素(如超声波等)和一些酶(如蜗牛酶)的共同作用下使得细胞壁破碎，还可以将菌体放在适当的 pH 值和温度下，利用组织细胞自身的酶系将细胞破坏，使得细胞内物质释放出来。根据蔗糖酶的性质通过热处理、离心、有机溶剂沉淀等方法将目的蛋白进行初步分离纯化。

三、试剂与器材

1. 仪器

研钵，离心管，滴管，量筒，水浴锅，烧杯(250mL)，广泛 pH 试纸，高速冷冻离心机，显微镜。

2. 材料

干啤酒酵母，湿啤酒酵母。

3. 试剂

(1)二氧化硅。

(2)甲苯(使用前预冷到 0℃以下)。

(3)去离子水(使用前预冷至 4℃左右)。

(4)1mol/L 乙酸溶液。

(5)95%乙醇溶液。

(6)乙酸钠。

(7)乙酸乙酯。

(8)蜗牛酶。

四、操作步骤

1. 提取

根据干粉酵母和湿酵母的差异，提供 3 种粗提的方法供选择，本实验采用的是第二种方法——自溶法。

(1)研磨法　准备一个冰浴，将研钵稳妥放入冰浴中。称取 5g 干啤酒酵母、20g 湿啤酒酵母、20mg 蜗牛酶及适量(约 10g)二氧化硅(二氧化硅要预先研细)，放入研钵中。量取预冷的甲苯 30mL 缓慢加入酵母中，边加边研磨成糊状，约需 60min。研磨时用显微镜检查研磨的效果，至酵母细胞大部分研碎。缓慢加入预冷的 40mL 去离子水，每次加 2mL 左右，边加边研磨，至少用 30min，以便将蔗糖酶充分转入水相。将混合物转入 2 个离心管中，平衡后，用高速冷冻离心机离心，4℃，10 000r/min 离心 10min。如果中间白色的脂肪层厚，说明研磨效果良好。用滴管吸出上层有机相。用滴管小心地取出脂肪层下面的水相，转入另一个清洁的离心管中，4℃，10 000r/min 离心 10min。将上清液转入量筒，量出体积，留出 2mL 测定酶活力及蛋白质含量，剩余部分转入清洁离心管中。用广泛 pH 试纸检查上清液 pH 值，用 1mol/L 乙酸溶液将 pH 值调至 5.0(称为粗级分Ⅰ)。

(2)自溶法　将 15g(一小袋)高活性干酵母粉倒入 250mL 烧杯中，少量多次地加入 50mL 蒸馏水，搅拌均匀，成糊状后加入 1.5g 乙酸钠、25mL 乙酸乙酯，搅匀，再于 35℃恒温水浴中搅拌 30min，观察菌体自溶现象。抽提补加蒸馏水 30mL，搅匀，盖好，于 35℃恒温过夜，8 000r/min 离心 10min，弃沉淀及脂层，得 E_1(无细胞提取液)；测量体积 V_1(取出 2mL 置于冷处或冰盐浴中保存，待测酶活力及蛋白质浓度)。

注：乙酸钠保持弱碱性条件，35℃，加入乙酸乙酯代替防腐剂。

(3)反复冻融法　称取 5g 干啤酒酵母、20g 湿啤酒酵母、20mg 蜗牛酶及适量(约 10g)

二氧化硅(二氧化硅要预先研细)，放入研钵中。加入20mL蒸馏水，进行研磨。但每研磨30min，就在冰箱(-70℃)中冰冻约10min(研磨液面上以刚出现冻结为宜)，反复冻融3次。4℃，8 000r/min离心10min，弃沉淀及脂层，得E_1(无细胞提取液)；测量体积V_1(取出2mL置于冷处或冰盐浴中保存，待测酶活力及蛋白质浓度)。

2. 热处理

预先将恒温水浴调到50℃，将盛有粗级分Ⅰ的离心管稳妥地放入水浴中，50℃下保温30min，在保温过程中不断轻摇离心管。取出离心管，于冰浴中迅速冷却，4℃，10 000r/min离心10min。将上清液转入量筒，量出体积，留出1.5mL测定酶活力及蛋白质含量(称为热级分Ⅱ)。

3. 乙醇沉淀

将热级分Ⅱ转入小烧杯中，放入冰盐浴(没有水的碎冰撒入少量食盐)，逐滴加入等体积预冷至-20℃的95%乙醇溶液，同时轻轻搅拌，共需30min，再在冰盐浴中放置10min，以沉淀完全。4℃，10 000r/min离心10min，倾去上清液，并滴干，沉淀保存于离心管中，盖上盖子或薄膜封口，然后将其放入冰箱中冷冻保存(称为醇级分Ⅲ)。

【思考题】

1. 有机溶剂沉淀的原理是什么?
2. 蛋白质制备可分为哪几个基本阶段?

Ⅱ　离子交换层析纯化蔗糖酶

一、实验目的

掌握离子交换层析的原理和优点及其操作要点。

二、实验原理

离子交换色谱技术已经广泛应用于蛋白质、酶、核酸、肽、寡核苷酸、病毒、噬菌体和多糖等的分离和纯化。它的优点是：①具有开放性支持骨架，大分子可以自由进入和迅速扩散，故吸附容量大；②具有亲水性，对大分子的吸附不大牢固，在用温和条件下可以洗脱，不至于引起蛋白质变性或酶的失活；③具有多孔性，表面积大，交换容量大，回收率高，可用于分离和制备。

离子交换剂通常是一种不溶性高分子化合物，如树脂、纤维素、葡萄糖、琼脂糖等，它的分子中含有可解离的基团，这些基团与在水溶液中的其他阳离子或阴离子起交换作用。虽然交换反应都是平衡反应，但在层析柱上进行时，由于连续添加新的交换溶液，反应不断按正方向进行，直至完全。因此，可以把离子交换剂上的原有离子全部洗脱下来，同理，当一定量的溶液通过交换柱时，由于溶液中的离子不断被交换而浓度逐渐减少，也可以全部被交换并吸附在树脂上。如果有两种以上的成分被交换吸附在离子交换剂上，用洗脱液洗脱时，被洗脱的能力则决定于各自洗脱反应的平衡常数。蛋白质的离子交换过程有两个阶段——吸附和解吸附。吸附在离子交换剂上的蛋白质可以通过改变 pH 值，使吸附的蛋白质失去电荷而达到解离。但更多的是通过增加离子强度，使加入的离子与蛋白质竞争离子交换剂上的电荷结合位置，导致吸附的蛋白质与离子交换剂解开。不同蛋白质与离子交换剂之间的亲和力大小有差异。因此，只要选择适当的洗脱条件便可将混合物中的组分逐个洗脱下来，从而达到分离纯化的目的。

三、试剂与器材

1. 仪器

层析柱，部分收集器，磁力搅拌器，烧杯，玻璃砂漏斗，真空泵与抽滤瓶，精密 pH 试纸或 pH 计，三通管，止水夹，洗耳球，紫外比色杯，电导率仪，玻璃棒，离心机，滤纸。

2. 试剂

(1) DEAE 纤维素(DE-23)。

(2) 0.5mol/L NaOH 溶液。

(3) 0.5mol/L HCl 溶液。

(4) 0.02mol/L pH 7.0 Tris-HCl 缓冲液。

(5) 0.02mol/L pH 7.0(含 0.2mol/L NaCl) Tris-HCl 缓冲液。

四、操作步骤

1. 离子交换剂的处理

称取 1.5g DEAE 纤维素(DE-23)干粉，用水充分溶胀后，加入 0.5mol/L NaOH 溶液(约 50mL)，轻轻搅拌，浸泡至少 0.5h(不超过 1h)，用玻璃砂漏斗抽滤，并用去离子水洗至近中性。抽干后，放入小烧杯中，加 50mL 0.5mol/L HCl 溶液，搅匀，浸泡 0.5h，用玻璃砂漏斗抽滤，用去离子水洗至近中性后，抽干备用(因 DEAE 纤维素昂贵，用后务必回收)。实际操作时，通常纤维素是已浸泡回收的，按“碱→酸”的顺序洗即可。

2. 装柱与平衡

处理过的 DEAE 纤维素放入烧杯，加少量水边搅拌边倒入保持垂直的层析管中，使 DEAE 纤维素缓慢沉降。交换剂在柱内必须分布均匀，等其沉淀完全后以 0.02mol/L pH 7.0 Tris-HCl 缓冲液平衡柱床直至中性。

3. 上样与洗脱

上样前先准备好梯度洗脱液，采用 50mL 0.02mol/L pH 7.0 Tris-HCl 缓冲液和 50mL 0.02mol/L pH 7.0(含 0.2mol/L NaCl) Tris-HCl 缓冲液，进行线性梯度洗脱。分别将含 NaCl 的高离子强度溶液和不含 NaCl 的低离子强度溶液放在梯度混合仪上，在低离子强度溶液的一边放入一个搅拌子，连接好装置。

用 3mL 缓冲液溶解醇级分Ⅲ，留取 1mL 用于测定酶活力及蛋白质含量。剩余的部分 4 000r/min 离心 1min 除去不溶物，取上清液小心地加到层析柱上，不要扰动柱床(上样前在柱床表面需加上一张同样大小的滤纸)。上样后用缓冲液洗去柱中未吸附的蛋白质样品，直至核酸蛋白检测仪 A_{280} 恢复到上样前的数据时，夹住层析柱出口。将恒流泵与层析柱接好，打开磁力搅拌器，开始梯度洗脱，连续收集洗脱液，流速控制 0.25~0.30mL/min。2

个小烧杯中的洗脱液用尽后，为洗脱充分，也可将所配制的剩余30mL高离子强度洗脱液倒入小烧杯继续洗脱。

测定不含NaCl的0.02mol/L pH 7.0 Tris-HCl缓冲液和0.02mol/L pH 7.0(含0.2mol/L NaCl)Tris-HCl缓冲液的电导率，用电导率与NaCl浓度作图，利用此图将每管所测电导率换算成NaCl浓度，并利用此曲线估计出蔗糖酶活性峰洗出时的NaCl浓度。

4. 各管洗脱液酶活力的定性测定

根据记录仪所出的峰，分别合并每个峰顶周围的2~3管，进行蔗糖酶活力测定，以确定样品峰，然后对样品峰进行合并，使用PEG2000透析浓缩为1mL(该溶液为柱级分Ⅳ)，置4℃保存。

五、结果处理

(1)在同一张图上画出所有管的酶活力，NaCl浓度(可用电导率代替)和吸光度A_{280}的曲线和洗脱梯度线。

(2)根据从收集管中所取样品的检测结果，进行目标峰的判定。

【注意事项】

1. 柱材料处理时最好采用真空泵抽滤的方法，不推荐选用静置弃上清液，防止材料损失严重。

2. 装柱时注意连续装柱，防止柱材料沉淀不均匀。

3. 上样前样品须离心，并且在柱床表面须加上一同样大小的滤纸，防止样品残渣堵塞层析柱。

【思考题】

1. 简述离子交换层析的原理。

2. 离子交换有哪些类型？各有何作用？

Ⅲ 蔗糖酶各级分活性及蛋白质含量的测定

一、实验目的

学习蔗糖酶活性测定方法和酶分离纯化各个步骤可行性以及分离纯化效果的评价方法。

二、实验原理

测定各级分中酶活力大小和比活力，从而计算出各纯化步骤的纯化倍数，并对之进行评价。本实验中酶活力定义为一定时间内催化反应生成的还原糖的量，比活力为每毫克蛋白样品的酶活力大小。

本实验使用水杨酸试剂法测定反应中还原糖的生成量，从而确定各级分中蔗糖酶的活力大小。其原理是在碱性条件下，蔗糖酶催化蔗糖水解，生成一分子葡萄糖和一分子果糖。这些还原性糖作用于黄色的3,5-二硝基水杨酸，生成棕红色的3-氨基-5-硝基水杨酸，还原糖本身被氧化成糖酸及其他产物。生成的棕红色3-氨基-5-硝基水杨酸产物颜色深浅的程度与还原糖的量成一定的比例关系，在波长540nm下测定红棕色物质的吸光度，查对标准曲线并计算，便可求出样品中还原糖的量。

三、试剂与器材

1. 仪器

烧杯，试管，试管架，定时器，移液管，比色杯，水浴锅，电炉，分光光度计。

2. 试剂

(1)0.4mol/L NaOH溶液。

(2)3,5-二硝基水杨酸试剂　精确称取1g 3,5-二硝基水杨酸溶于20mL 0.4mol/L NaOH溶液中，加入50mL蒸馏水，再加入30g酒石酸钾钠，待溶解后用蒸馏水稀释至100mL，盖紧瓶盖，防止CO_2进入。

(3)0.25%苯甲酸　配200mL，用于配制葡萄糖标准溶液，防止时间长溶液长菌，也可以用去离子水代替。

(4)20mmol/L葡萄糖标准溶液　精确称取0.36g无水葡萄糖(经105℃烘干至恒重)，用0.25%苯甲酸溶解后，定容至100mL容量瓶中。

(5)0.2mol/L蔗糖溶液50mL　分装于小试管中冰冻保存，因蔗糖极易水解，用时取出一管化冻后摇匀。

(6)0.2mol/L乙酸缓冲液　pH 4.9，200mL。

(7)牛血清白蛋白标准溶液　200μg/mL，精确配制50mL。

(8)考马斯亮蓝G-250试剂　100mg考马斯亮蓝G-250全溶于50mL 95%乙醇(体积分数)溶液后，加入120mL磷酸，用去离子水稀释至1 000mL。

四、操作步骤

1. 各级分蛋白质含量的测定

(1)标准曲线的制作　采用考马斯亮蓝G-250法测定蛋白质含量，取不同体积牛血清白蛋白标准溶液(200μg/mL)用蒸馏水配成一定的梯度溶液，与考马斯亮蓝G-250显色后在波长595nm下测定其吸光度，以吸光度A_{595}对蛋白质含量作标准曲线，具体见表9-1。

表9-1　标准曲线的制作

管　号	0	1	2	3	4	5	6	7	8	9	10
牛血清白蛋白/mL	0	0.1	0.2	0.3	0.4	0.5	0.6	0.7	0.8	0.9	1.0
牛血清白蛋白/μg	0	20	40	60	80	100	120	140	160	180	200
水/mL	1.0	0.9	0.8	0.7	0.6	0.5	0.4	0.3	0.2	0.1	0.0
考马斯亮蓝G-250试剂/mL	5	5	5	5	5	5	5	5	5	5	5
A_{595}											

(2)各级分蛋白质含量的测定　各级分先要仔细寻找和试测出合适的稀释倍数，下列稀释倍数仅供参考。

粗分级Ⅰ：5~10倍；

热分级Ⅱ：5~10倍；

醇分级Ⅲ：10~20倍；

柱分级Ⅳ：20~40倍。

确定了稀释倍数后，按照表9-2加入各试剂，进行样品测定，然后参考标准曲线计算出各级分蛋白质浓度。

表9-2　各级分蛋白质含量的测定

管　号	0	级分Ⅰ			级分Ⅱ			级分Ⅲ			级分Ⅳ		
		1	2	3	4	5	6	7	8	9	10	11	12
酶液/mL	0	1	1	1	1	1	1	1	1	1	1	1	1
水/mL	1	0	0	0	0	0	0	0	0	0	0	0	0
加入考马斯亮蓝G-250各5mL，混匀后静置2min后在波长595nm下测吸光度													
A_{595} 平均值													

2. 还原糖测定方法

采用3,5-二硝基水杨酸试剂显色法，通过测定反应后样品中还原糖的量来确定酶活力。

(1)标准曲线的制作　取不同体积的20mmol/L葡萄糖标准液，用蒸馏水配成一定的梯度溶液，与3,5-二硝基水杨酸试剂显色后在波长540nm下测定其吸光度，然后以吸光度 A_{540} 对葡萄糖浓度作标准曲线，具体见表9-3。

表9-3　还原糖标准曲线的制作

管　号	0	1	2	3	4	5	6	7	8	9	10
20mmol/L葡萄糖标准溶液/mL	0.0	0.1	0.2	0.3	0.4	0.5	0.6	0.7	0.8	0.9	0.1
葡萄糖/μmol	0	2	4	6	8	10	12	14	16	18	20
水/mL	1.0	0.9	0.8	0.7	0.6	0.5	0.4	0.3	0.2	0.1	0
3,5-二硝基水杨酸试剂/mL	2	2	2	2	2	2	2	2	2	2	2
沸水浴5min，流水冷却，定容至25mL											
A_{540}											

(2)级分Ⅰ、Ⅱ、Ⅲ、Ⅳ酶活力大小的测定　用0.02mol/L pH 4.9乙酸缓冲液(也可以用pH 5~6去离子水代替)稀释各级分酶液，试测出各级分适合的稀释倍数。

Ⅰ：10~20倍；

Ⅱ：10~20倍；

Ⅲ：100~200倍；

Ⅳ：100~200倍。

以上稀释倍数仅供参考。

按表 9－4 的顺序在试管中加入各试剂，进行测定。

表 9－4　级分Ⅰ、Ⅱ、Ⅲ、Ⅳ酶活力大小的测定

<table>
<tr><td rowspan="3">项　目</td><td colspan="16">试　管</td></tr>
<tr><td colspan="2">对照</td><td colspan="3">级分Ⅰ</td><td colspan="3">级分Ⅱ</td><td colspan="3">级分Ⅲ</td><td colspan="3">级分Ⅳ</td><td colspan="2">葡萄糖</td></tr>
<tr><td>1</td><td>2</td><td>3</td><td>4</td><td>5</td><td>6</td><td>7</td><td>8</td><td>9</td><td>10</td><td>11</td><td>12</td><td>13</td><td>14</td><td>15</td><td>16</td></tr>
<tr><td>酶液/mL</td><td></td><td>0.0</td><td colspan="12">0.6</td><td></td><td></td></tr>
<tr><td>水/mL</td><td></td><td>0.6</td><td colspan="12">0</td><td>1.0</td><td>0.8</td></tr>
<tr><td>0.2mol/L 乙酸缓冲液/mL</td><td></td><td>0.2</td><td colspan="12">0.2</td><td></td><td></td></tr>
<tr><td>20mmol/L 葡萄糖标准溶液/mL</td><td></td><td></td><td colspan="12"></td><td></td><td>0.2</td></tr>
<tr><td>0.4mol/L NaOH 溶液/mL</td><td>1</td><td></td><td colspan="12"></td><td></td><td></td></tr>
<tr><td>0.2mol/L 蔗糖溶液/mL</td><td></td><td>0.2</td><td colspan="12">0.2</td><td></td><td></td></tr>
<tr><td colspan="17">加入蔗糖，立即摇匀室温准确计时 10min，反应后向 3～14 试管中加入 NaOH 终止反应</td></tr>
<tr><td>3,5－二硝基水杨酸试剂</td><td>2</td><td>2</td><td colspan="12">2</td><td>2</td><td>2</td></tr>
<tr><td colspan="17">沸水浴加热 5min，立即用自来水冷却，用水定容至 25mL</td></tr>
<tr><td>A_{540}</td><td></td><td></td><td colspan="12"></td><td></td><td></td></tr>
</table>

（3）计算各级分的比活力、纯化倍数及回收率，并将数据列于表 9－5。

表 9－5　酶的纯化表

级分	记录体积/mL	校正体积/mL	蛋白质/(mg/mL)	总蛋白/mg	酶活性/(U/mL)	总活性/U	比活力/(U/mg)	纯化倍数	回收率/%
Ⅰ								1.0	100
Ⅱ									
Ⅲ									
Ⅳ									

注：一个酶活力单位，是在给定的实验条件下，每分钟能催化 1mol 蔗糖水解所需的酶量，而水解 1mol 蔗糖则生成 2mol 还原糖，计算时请注意。

五、结果处理

依据下列公式计算蔗糖酶的比活力：

$$\text{酶活力}=\frac{\Delta A_{540}\ \text{对照标准曲线得还原糖的含量}\times V_{C}}{V_{S}}$$

式中：ΔA_{540}——波长 540nm 处所测定的样品的吸光度值；

V_{S}——样品测定时所用的体积；

V_{C}——样品稀释的倍数。

$$\text{酶比活力}=\frac{\text{酶活力}}{\text{单位体积样品的蛋白质含量}}$$

【注意事项】

1. 在进行各级分酶活力大小测定的表格中，第1管为0时间对照，在加入0.2mL蔗糖溶液之前，先加入NaOH溶液，防止酶解作用。此管中溶液用于观察，不进行计算。第15、16管为葡萄糖的空白与标准。它的测定结果可以与标准线中测定的结果进行对照。

2. 标准曲线的制作过程与样品的测定过程中操作一定要严格一致。

3. 结果处理时，注意酶活力和比活力的单位。

【思考题】

1. 什么是某一纯化方法的纯化倍数及回收率?

2. 酶活力和比活力的单位有何区别?

Ⅳ 米氏常数(K_m)及最大反应速率(V_{max})的测定

一、实验目的

了解底物浓度与酶促反应速率之间的关系，学习蔗糖酶米氏常数的测定方法。

二、实验原理

米氏常数 K_m 等于酶促反应速率达最大反应速率一半时的底物浓度，单位是mol/L。对于某一种特定的酶，在特定的反应条件下，对应任何一种底物(如果它具有多个底物)，它的米氏常数 K_m 是一个定值。在一个反应中，底物的浓度(S)是可以控制的，反应的速度(V)可以测出，这样就可根据底物浓度和反应速率求出该酶在本实验条件下的米氏常数。

通常可以通过以下几种方法求出 K_m 值:

(1)直接将数据代入米氏方程。

(2)Lineweaver-Burk 双倒数作图法，横轴的截距为 $-1/K_m$。

(3)Hanes-Woolf 作图法，横轴的截距为 $-K_m$。

(4)Woolf-Anguseinsson-Hoftee 作图法，斜率为 $-1/K_m$。

(5)Eadie-Scatchard 作图法，斜率为 $-1/K_m$。

本实验采用 Lineweaver-Burk 双倒数作图法，是以蔗糖为底物，测定蔗糖酶与底物反应的时间进程曲线，即在酶促反应的最适条件下，每间隔一定的时间测定产物的生产量，然后以酶反应时间为横坐标，产物生产量为纵坐标，画出酶反应的时间进程曲线。由该曲线可以看出，曲线的起始部分在某一段时间范围内呈直线，其斜率代表酶促反应的初速率。随着反应时间的延长，曲线斜率不断减小，说明反应速率逐渐降低，这可能是因为底物浓度降低和产物浓度增高而使逆反应加强等原因所致。因此，测定准确的酶活力，必须在进程曲线的初速率时间范围内进行，测定这一曲线和初速率的时间范围，是酶动力学性质分析中的组成部分和实验基础。

三、试剂与器材

1. 仪器

试管，试管架，定时器，移液管(0.1mL，0.2mL，2.0mL，5.0mL)，水浴锅，比色杯，电炉，分光光度计。

2. 试剂

(1)0.4mol/L NaOH 溶液。

(2)3,5-二硝基水杨酸试剂。

(3)0.2mol/L pH 5.0 乙酸缓冲液 200mL。

(4)葡萄糖标准溶液。

(5)0.2mol/L 蔗糖溶液 50mL，分装于小试管中冰冻保存，因蔗糖极易水解，用时取出一管化冻后摇匀。

四、操作步骤

具体操作步骤按表 9－6 进行。

表 9－6 蔗糖酶米氏常数的测定

管 号	1	2	3	4	5	6	7	8
0.2mol/L 蔗糖/μL	0	20	30	40	60	80	100	200
水/μL	600	580	570	560	540	520	500	400
pH 5.0 缓冲/μL	200	200	200	200	200	200	200	200
蔗糖酶/μL	200	200	200	200	200	200	200	200
60℃酶促反应 10min								
0.4mol/L NaOH 溶液/mL	1	1	1	1	1	1	1	1
3,5-二硝基水杨酸试剂/mL	2	2	2	2	2	2	2	2
100℃反应 5min 后，流水冷却，定容至 25mL								
A_{540}								

五、结果处理

根据标准曲线找出吸光值对应的生成的还原糖的量，并以其倒数作为纵坐标，以 1/[S]为横坐标作图。由图求出 K_m 值。

【思考题】

1. 说明米氏常数的物理意义及单位。
2. 双倒数法测定 K_m 值时，应注意的主要问题是什么？

实验四十二　植物中原花色素的提取、纯化与测定

原花色素又名原花青素，是指从植物中分离得到的一类在热酸处理下能产生红色花色素的多酚类化合物，有人将其归为生物类黄酮。根据缩合键位的不同可将原花色素寡聚物分为A、B、C、D、T等几类。最简单的原花色素是儿茶素的二聚体，此外还有三聚体、四聚体等。依据聚合度的大小，通常将二至四聚体称为低聚体，而五聚体以上称为高聚体。原花色素作为天然抗氧化剂，以其极强的清除自由基能力和调节心血管活性的功能而在药品、保健品和化妆品中受到人们的欢迎。

原花色素既存在于葡萄、苹果、山楂等多种水果中，也存在于大麦、麦芽、高粱、黑米及一些豆科植物中。

Ⅰ　植物中原花色素的提取与纯化

一、实验目的

掌握从水果中制备原花色素的方法。

二、实验原理

原花色素是植物体内广泛存在的多酚类化合物。本实验利用低聚原花色素溶于水的特点，采用热水煮沸法抽提制备原花色素粗制品，再用树脂吸附、洗脱对粗制原花色素进行纯化。

三、试剂与器材

1. 仪器

烧杯，高速组织粉碎机，玻璃层析柱(1cm×10cm)，旋转蒸发仪，冷冻干燥机，大孔吸附树脂D-101，电子天平，量筒，水浴锅，玻璃漏斗，纱布。

2. 材料

新鲜水果(苹果、葡萄或山楂)。

3. 试剂

(1)60%乙醇溶液。

(2)95%乙醇溶液。

四、操作步骤

(1)称取20.0g新鲜水果(苹果、葡萄或山楂)，加入40.0mL蒸馏水，匀浆，沸水浴40~60min。再加入20.0mL蒸馏水，用纱布过滤，滤液备用。

(2)取5.0g新的大孔吸附树脂D-101，先用95%乙醇溶液浸泡2~4h，水洗去乙醇后，装层析柱(1cm×10cm)，再用蒸馏水洗2倍体积。滤液上样，上完样后，先用蒸馏水洗2倍体积，然后换60%乙醇溶液洗脱，待有红色液体流出后开始收集，直到收集到无红色为止。

(3)将洗脱液放入旋转蒸发仪中蒸发，剩余无乙醇部分冷冻。

(4)将冻结好的样品放入冷冻干燥机上干燥。

(5)干燥后样品称重，测含量(见Ⅱ、Ⅲ植物中原花色素测定方法)。

Ⅱ　植物中原花色素的测定(1)

一、实验目的

掌握盐酸-正丁醇比色法测定原花色素的原理和方法。

二、实验原理

原花色素(Ⅰ)的4~8连接键很不稳定，易在酸作用下打开。以二聚原花色素为例，具体反应过程是：在质子进攻下单元C_8(D)生成碳正离子(Ⅱ)，4~8键裂开，下部单元形成(-)-表儿茶素(Ⅲ)，上部单元成为碳正离子(Ⅳ)。Ⅳ失去一个质子，成为黄-3-烯-醇(Ⅴ)。在有氧条件下Ⅴ失去C_2上的氢，被氧化成花色素(Ⅵ)，反应还生成相应的醚(Ⅶ)。若采用正丁醇溶剂可防止醚的形成，如图9-1所示。

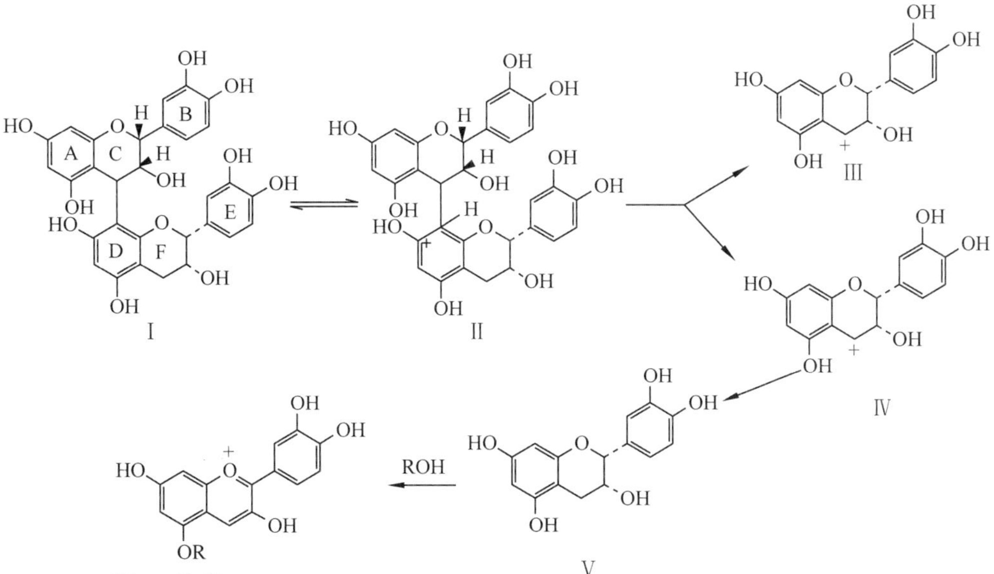

Ⅵ　R=H

Ⅶ　R=Me，Et，Pr

图9-1　原花青素的酸解反应

Me：Metlyl，甲基；Et：Ethyl，乙基；Pr：Propyl，丙基

三、试剂与器材

1. 仪器

具塞试管(1.5cm ×15cm)，移液管(1mL，2mL)，722型(或7220型)分光光度计，水浴锅，电炉。

2. 试剂

(1)1.0mg/mL原花色素标准溶液 精确称取10.0mg原花色素标准品，用甲醇溶解于10.0mL容量瓶中，定容至刻度。

(2)盐酸-正丁醇溶液 取5.0mL浓盐酸加入95.0mL正丁醇中，混匀即可。

(3)2%硫酸铁铵溶液 称取2.0g硫酸铁铵溶于100.0mL 2.0mol/L HCl溶液中即可。

(4)2.0mol/L HCl溶液 取1份浓盐酸加入5份蒸馏水中即可。

(5)试样溶液 准确称取一定量蒸馏的原花色素样品，用甲醇溶解，定容至10.0mL，浓度控制在1.0~3.0mg/mL。

(6)甲醇。

四、操作步骤

1. 制作标准曲线

取洁净试管7支，按表9－7进行操作，得浓度分别为0.0、0.1、0.2、0.3、0.4、0.5、0.6mg/mL的原花色素标准溶液。然后向各试管中依次加入0.1mL 2%硫酸铁铵溶液和3.4mL的盐酸-正丁醇溶液，最后将试管置于沸水浴煮沸30min，取出，冷水冷却15min后，于722型分光光度计在波长546nm比色测定光密度(*OD*)值。然后以*OD*值为纵坐标，各标准液浓度为横坐标作图，得标准曲线。

表9－7 盐酸-正丁醇法测定原花色素含量标准曲线绘制

管号	1.0mg/mL原花色素标准溶液/mL	甲醇/mL	原花色素浓度/(mg/mL)
0	0.0	0.5	0.0
1	0.05	0.45	0.1
2	0.10	0.40	0.2
3	0.15	0.35	0.3
4	0.20	0.30	0.4
5	0.25	0.25	0.5
6	0.30	0.20	0.6

2. 样品含量测定

取试样溶液0.1mL于试管中，补加0.4mL甲醇，再加入0.1mL 2%硫酸铁铵溶液，最后加入3.4mL盐酸-正丁醇溶液，沸水浴中煮沸30min，取出，冷水冷却15min后，于722型分光光度计在波长546nm下比色测出光密度(*OD*)值。然后，根据标准曲线查算出样品液的原花色素浓度，并进一步计算原花色素样品的百分含量。

五、结果处理

$$\omega = \frac{cV}{m} \times 100\%$$

式中：ω——原花色素的质量分数；

c——从标准曲线上查出的原花色素质量浓度，mg/mL；

V——样品稀释后的体积，mL；

m——样品的质量，mg。

Ⅲ 植物中原花色素的测定（2）

一、实验目的

掌握香草醛-盐酸比色法测定原花色素的原理和方法。

二、实验原理

原花色素在酸性条件下，其A环的化学活性较高，在其上的间苯二酚或间苯三酚结构可与香草醛发生缩合反应，产物在浓酸作用下形成有色的碳正离子，如图9-2所示。

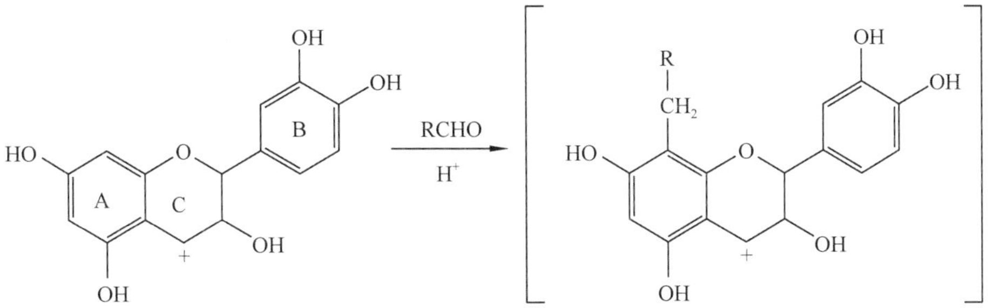

图9-2 原花色素与醛的缩合反应

三、试剂与器材

1. 仪器

具塞试管（1.5cm×15cm），移液管（1mL，2mL），722型（或7220型）分光光度计。

2. 试剂

（1）4%香草醛（香兰素）溶液 称取4.00g香草醛溶于100mL甲醇中。

（2）浓盐酸。

（3）1.0mg/mL儿茶素标准品贮备液 准确称取10.0mg儿茶素标准品，用甲醇溶解，并定容至10.0mL容量瓶中。然后置于冰箱中冷冻贮藏。

（4）0.4mg/mL儿茶素标准品溶液 将1.0mg/mL儿茶素标准品贮备液准确稀释至0.4mg/mL。

(5)原花色素样品溶液　取一定量待测样品配制成0.1~0.3mg/mL。

(6)甲醇。

四、操作步骤

1. 制作标准曲线

取6支洁净试管，编号，按表9-8进行操作，所得溶液分别相当于0.00、0.08、0.16、0.24、0.32、0.40mg/mL的原花色素溶液。然后向各试管中依次加入3.0mL 4%香草醛溶液和1.5mL浓盐酸，室温放置15min后，于722型分光光度计在波长500nm下比色测定光密度(*OD*)值。以各标准液浓度为横坐标，*OD*值为纵坐标，绘制标准曲线。

表9-8　香草醛法测定原花色素含量标准曲线绘制

管号	0.4mg/mL儿茶素标准溶液/mL	甲醇/mL	相当于原花色素含量/(mg/mL)
0	0.00	0.50	0.00
1	0.10	0.40	0.08
2	0.20	0.30	0.16
3	0.30	0.20	0.24
4	0.40	0.10	0.32
5	0.50	0.00	0.40

2. 样品含量测定

取原花色素样品溶液0.50mL于试管中，依次加入3.0mL 4%香草醛溶液和1.5mL浓盐酸，室温放置15min后，于722型分光光度计比色测定OD_{500}。然后，根据标准曲线查算出样品液的原花色素浓度，并进一步计算原花色素样品的百分含量。

五、结果处理

$$\omega = \frac{cV}{m} \times 100\%$$

式中：ω——原花色素的质量分数；

c——从标准曲线上查出的原花色素质量浓度，mg/mL；

V——样品稀释后的体积，mL；

m——样品的质量，mg。

【思考题】

1. 比较香草醛-盐酸比色法和盐酸-正丁醇比色法测定水果中原花色素的结果差异并解释原因。

2. 水果的成熟度会影响原花色素的含量吗？为什么？

参考文献

陈钧辉，2002. 生物化学实验[M]. 北京：科学出版社 .

陈毓荃，2002. 生物化学实验方法与技术[M]. 北京：科学出版社 .

高继国，郭春绒，2009. 普通生物化学教程实验指导[M]. 北京：化学工业出版社 .

韩晓林，2010. 味精中谷氨酸钠含量的测定[J]. 中国井矿盐，41(5)：35-36.

郝再彬，苍晶晶，徐仲，等，2004. 植物生理实验[M]. 哈尔滨：哈尔滨工业大学出版社 .

黄晓钰，刘邻渭，2002. 食品化学综合实验[M]. 北京：中国农业大学出版社 .

黄晓钰，刘邻渭，2009. 食品化学与分析综合实验[M]. 北京：中国农业大学出版社 .

阚建全，2008. 食品化学[M]. 北京：中国农业大学出版社 .

李巧枝，2000. 生物化学实验技术[M]. 北京：中国轻工业出版社 .

李如亮，1998. 生物化学实验[M]. 武汉：武汉大学出版社 .

林宏辉，2008. 现代生物学基础实验指导[M]. 成都：四川大学出版社 .

刘志国，2007. 生物化学实验[M]. 武汉：华中科技大学出版社 .

罗纪盛，2001. 生物化学简明教程[M]. 北京：北京大学出版社 .

萨姆布鲁克，2016. 分子克隆实验指南[M]. 北京：科学出版社 .

石庆华，2006. 生物化学实验指导[M]. 北京：中国农业大学出版社 .

宋治军，纪重光，1994. 现代分析仪器与测试方法[M]. 西安：西北大学出版社 .

王冬梅，吕淑霞，王金胜，2009. 生物化学实验指导[M]. 北京：科学出版社 .

王继伟，2003. 现代生物化学实验技术指导[M]. 哈尔滨：哈尔滨地图出版社 .

王金胜，2001. 农业生物化学研究技术[M]. 北京：中国农业出版社 .

王金亭，2010. 生物化学实验教程[M]. 武汉：华中科技大学出版社 .

王镜岩，2002. 生物化学[M]. 3 版. 北京：高等教育出版社 .

王秀奇，1999. 基础生物化学实验[M]. 2 版 . 北京：高等教育出版社 .

文树基，1994. 基础生物化学实验指导[M]. 西安：陕西科学技术出版社 .

谢达平，2004. 食品生物化学[M]. 北京：中国农业出版社 .

杨建雄，2010. 生物化学与分子生物学实验技术教程[M]. 北京：科学出版社 .

杨芃原，钱小红，盛龙生，2003. 生物质谱技术与方法[M]. 北京：科学出版社 .

余冰宾，2010. 生物化学实验指导[M]. 2 版 . 北京：清华大学出版社 .

袁玉荪，1994. 生物化学实验[M]. 北京：高等教育出版社 .

张波，2009. 生物化学与分子生物学实验教程[M]. 北京：人民军医出版社 .

张龙翔，1997. 生化实验方法和技术[M]. 北京：人民教育出版社 .

张水华，2007. 食品分析[M]. 北京：中国轻工业出版社 .

赵亚华，2000. 生物化学实验技术教程[M]. 广州：华南理工大学出版社 .

周顺伍，2003. 动物生物化学实验指导[M]. 北京：中国农业出版社 .

附　录

一、实验室安全与防护知识

（一）实验室安全知识

在生物化学实验室中，经常与毒性很强、有腐蚀性、易燃烧和具有爆炸性的化学药品直接接触，使用易碎的玻璃和瓷质的器皿，以及在煤气、水、电等高温电热设备的环境下进行着紧张而细致的工作。因此，必须十分重视安全工作。

1. 进入实验室开始工作前，应了解煤气总阀门、水阀门及电闸所在处。离开实验室时，一定要将室内检查一遍，应将水、电、煤气的开关关好，门窗锁好。

2. 使用酒精灯时，禁止用酒精灯引燃另一只酒精灯；添加酒精时，不超过酒精灯容积的2/3；用完酒精灯，必须用灯帽盖灭，禁止用嘴吹灭；灯芯如若烧焦或不平整，需用剪刀修整。

3. 使用电器设备（如烘箱、恒温水浴、离心机、电炉等）时，严防触电；绝不可用湿手或在眼睛旁视时开关电闸和电器开关。检查电器设备是否漏电应用试电笔或手背触及仪器表面，凡是漏电的仪器，一律不能使用。

4. 使用浓酸、浓碱时，必须极为小心地操作，防止溅失。用吸量管量取这些试剂时，必须使用橡皮球，绝对不能用口吸取。若不慎溅在实验台或地面，必须及时用湿抹布擦拭干净。如果触及皮肤，应立即治疗。

5. 严禁在开口容器和密闭体系中用明火加热有机溶剂，只能使用加热套或水浴加热。废有机溶剂不得倒入废物桶，只能倒入回收瓶，以后再集中处理，量少时用水稀释后排入下水道。不得在烘箱内存放、干燥、烘焙有机物。在有明火的实验台面上不允许放置开口的有机溶剂或倾倒有机溶剂。

6. 如果不慎洒出了相当量的易燃液体，则应按下法处理：

（1）立即关闭室内所有的火源和电加热器。

（2）关门，开启小窗及窗户。

（3）用毛巾或抹布擦拭洒出的液体，并将液体拧到大的容器中，然后再倒入带塞的玻璃瓶中。

7. 用油浴操作时，应小心加热，不断用金属温度计测量，不要使温度超过油的燃烧温度。

8. 易燃和易爆炸物质的残渣（如金属钠、白磷、火柴头）不得倒入污桶或水槽中，应收集在指定的容器内。

9. 废液，特别是强酸和强碱不能直接倒在水槽中，应先稀释，然后倒入水槽，再用大量自来水冲洗水槽及下水道。

10. 毒物应按实验室的规定办理审批手续后领取，使用时严格操作，用后妥善处理。

(二)实验室灭火法

实验中一旦发生了火灾切不可惊慌失措，应保持镇静。首先立即切断室内一切火源和电源，然后根据具体情况积极正确地进行抢救和灭火。常用的方法有：

1. 在可燃液体燃着时，应立刻拿开着火区域内的一切可燃物质，关闭通风器，防止扩大燃烧。若着火面积较小，可用石棉布、湿布、铁片或沙土覆盖，隔绝空气使之熄灭。但覆盖时要轻，避免碰坏或打翻盛有易燃溶剂的玻璃器皿，导致更多的溶剂流出而再着火。

2. 酒精及其他可溶于水的液体着火时，可用水灭火。

3. 汽油、乙醚、甲苯等有机溶剂着火时，应用石棉布或沙土扑灭。绝对不能用水，否则反而会扩大燃烧面积。

4. 金属钠着火时，可把沙子倒在它的上面。

5. 导线着火时，不能用水及二氧化碳灭火器，应切断电源或用四氯化碳灭火器。

6. 衣服被烧着时切不要奔走，可用衣服、大衣等包裹身体或躺在地上滚动，以灭火。

7. 发生火灾时注意保护现场。较大的着火事故应立即报警。

(三)实验室急救

在实验过程中不慎发生受伤事故，应立即采取适当的急救措施。

1. 玻璃割伤及其他机械损伤：首先必须检查伤口内有无玻璃或金属物等碎片，然后用硼酸水洗净，再涂擦碘酒，必要时用纱布包扎。若伤口较大或过深而大量出血，应迅速在伤口上部和下部扎紧血管止血，立即到医院诊治。

2. 烫伤：轻度烫伤可用浓的(90%~95%)酒精消毒后，涂上苦味酸软膏。如果伤处红痛或红肿(一级灼伤)，可擦医用橄榄油或用棉花蘸酒精敷盖伤处；若皮肤起泡(二级灼伤)，不要弄破水泡，防止感染；若伤处皮肤呈棕色或黑色(三级灼伤)，应用干燥而无菌的消毒纱布轻轻包扎好，急送医院治疗。

3. 强碱(如氢氧化钠、氢氧化钾)、钠、钾等触及皮肤而引起灼伤时，要先用大量自来水冲洗，再用5%硼酸溶液或2%乙酸溶液涂洗。

4. 强酸、溴等触及皮肤而致灼伤时，应立即用大量自来水冲洗，再以5%碳酸氢钠溶液或5%氢氧化铵溶液洗涤。

5. 如酚触及皮肤引起灼伤，可用酒精冲洗。

6. 若煤气中毒时，应到室外呼吸新鲜空气，若严重时应立即到医院诊治。

7. 水银容易由呼吸道进入人体，也可以经皮肤直接吸收而引起积累性中毒。严重中毒的症状是口中有金属味，呼出气体也有气味；流唾液，打哈欠时疼痛，牙床及嘴唇上有硫化汞的黑色；淋巴结及唾腺肿大。若不慎中毒时，应送医院急救。急性中毒时，通常用碳粉或呕吐剂彻底洗胃，或者食入蛋白(如1L牛奶加3个鸡蛋清)或蓖麻油解毒并使之呕吐。

8. 触电：触电时可按下述方法之一切断电路。

(1)关闭电源。

(2)用干木棍使导线与被害者分开。

(3)使被害者和土地分离，急救时急救者必须做好防止触电的安全措施，手或脚必须绝缘。

二、常用缓冲液的配制

1. 邻苯二甲酸氢钾-盐酸缓冲液(0.05mol/L)

XmL 0.2mol/L 邻苯二甲酸氢钾 + YmL 0.2mol/L HCl，加水稀释至20mL。

pH(20℃)	X/mL	Y/mL	pH(20℃)	X/mL	Y/mL
2.2	5	4.670	3.2	5	1.470
2.4	5	3.960	3.4	5	0.990
2.6	5	3.295	3.6	5	0.597
2.8	5	2.642	3.8	5	0.263
3.0	5	2.032			

注：邻苯二甲酸氢钾 M_r=204.23，0.2mol/L 溶液为40.85g/L。

2. 邻苯二甲酸氢钾-氢氧化钠缓冲液

50mL 0.1mol/L 邻苯二甲酸氢钾 + XmL 0.1mol/L NaOH，加水稀释至100mL。

pH	X/mL	pH	X/mL	pH	X/mL
4.1	1.3	4.8	16.5	5.5	36.6
4.2	3.0	4.9	19.4	5.6	38.8
4.3	4.7	5.0	22.6	5.7	40.6
4.4	6.6	5.1	25.5	5.8	42.3
4.5	8.7	5.2	28.8	5.9	43.7
4.6	11.1	5.3	31.6		
4.7	13.6	5.4	34.1		

注：邻苯二甲酸氢钾 M_r=204.23，0.2mol/L 溶液为20.43g/L。

3. 磷酸二氢钠-柠檬酸缓冲液

pH	0.2mol/L Na_2HPO_4/mL	0.1mol/L 柠檬酸/mL	pH	0.2mol/L Na_2HPO_4/mL	0.1mol/L 柠檬酸/mL
2.2	0.40	19.60	5.2	10.72	9.28
2.4	1.24	18.76	5.4	11.15	8.85
2.6	2.18	17.82	5.6	11.60	8.40
2.8	3.17	16.83	5.8	12.09	7.91
3.0	4.11	15.89	6.0	12.63	7.37
3.2	4.94	15.06	6.2	13.22	6.78
3.4	5.70	14.30	6.4	13.85	6.15
3.6	6.44	13.56	6.6	14.55	5.45
3.8	7.10	12.90	6.8	15.45	4.55
4.0	7.71	12.29	7.0	16.47	3.53
4.2	8.28	11.72	7.2	17.39	2.61
4.4	8.82	11.18	7.4	18.17	1.83
4.6	9.25	10.65	7.6	18.73	1.27
4.8	9.86	10.14	7.8	19.15	0.85
5.0	10.30	9.7	8.0	19.45	0.55

注：Na_2HPO_4 M_r=141.98，0.2mol/L 溶液为28.40g/L；$Na_2HPO_4 \cdot 2H_2O$ M_r=178.05，0.2mol/L 溶液为35.61g/L；$Na_2HPO_4 \cdot 12H_2O$ M_r=358.22，0.2mol/L 溶液为71.64g/L；柠檬酸($C_6H_8O_7$)·H_2O M_r=210.14，0.1mol/L 溶液为21.01g/L。

4. 柠檬酸–柠檬酸钠缓冲液(0.1mol/L)

pH	0.1mol/L 柠檬酸/mL	0.1mol/L 柠檬酸钠/mL	pH	0.1mol/L 柠檬酸/mL	0.1mol/L 柠檬酸钠/mL
3.0	18.6	1.4	5.0	8.2	11.8
3.2	17.2	2.8	5.2	7.3	12.7
3.4	16.0	4.0	5.4	6.4	13.6
3.6	14.9	5.1	5.6	5.5	14.5
3.8	14.0	6.0	5.8	4.7	15.3
4.0	13.1	6.9	6.0	3.8	16.2
4.2	12.3	7.7	6.2	2.8	17.2
4.4	11.4	8.6	6.4	2.0	18.0
4.6	10.3	9.7	6.6	1.4	18.6
4.8	9.2	10.8			

注：柠檬酸($C_6H_8O_7$)·H_2O M_r = 210.14，0.1mol/L 溶液为 21.01g/L；柠檬酸钠($Na_3C_6H_8O_7$)·$2H_2O$ M_r = 294.12，0.1mol/L 溶液为 29.41g/L。

5. 乙酸–乙酸钠缓冲液(0.2mol/L)

pH(18℃)	0.2mol/L NaAC/mL	0.2mol/L HAC/mL	pH(18℃)	0.2mol/L NaAC/mL	0.2mol/L HAC/mL
3.6	0.75	9.25	4.8	5.90	4.10
3.8	1.20	8.80	5.0	7.00	3.00
4.0	1.80	8.20	5.2	7.90	2.10
4.2	2.65	7.35	5.4	8.60	1.40
4.4	3.70	6.30	5.6	9.10	0.90
4.6	4.90	5.10	5.8	9.40	0.60

注：NaAC·$3H_2O$ M_r = 136.09；0.2mol/L 溶液为 27.22g/L。

6. 磷酸缓冲液(0.2mol/L)

pH	0.2mol/L Na_2HPO_4/mL	0.2mol/L NaH_2PO_4/mL	pH	0.2mol/L Na_2HPO_4/mL	0.2mol/L NaH_2PO_4/mL
5.8	8.0	92.0	7.0	61.0	39.0
5.9	10.0	90.0	7.1	67.0	33.0
6.0	12.3	87.7	7.2	72.0	28.0
6.1	15.0	85.0	7.3	77.0	23.0
6.2	18.5	81.5	7.4	81.0	19.0
6.3	22.5	77.5	7.5	84.0	16
6.4	26.5	73.5	7.6	87.0	13.0
6.5	31.5	68.5	7.7	89.5	10.5
6.6	37.5	62.5	7.8	91.5	8.5
6.7	43.5	56.5	7.9	93.0	7.0
6.8	49.0	51.0	8.0	94.7	5.3
6.9	55.0	45.0			

注：Na_2HPO_4·$2H_2O$ M_r = 178.05，0.2mol/L 溶液为 35.61g/L；Na_2HPO_4·$12H_2O$ M_r = 358.22，0.2mol/L 溶液为 71.64g/L；NaH_2PO_4·H_2O M_r = 138.01，0.2mol/L 溶液为 27.6g/L；NaH_2PO_4·$2H_2O$ M_r = 156.03，0.2mol/L 溶液为 31.21g/L。

7. 磷酸氢二钠-磷酸二氢钾缓冲液(1/15mol/L)

pH	1/15mol/L Na_2HPO_4/mL	1/15mol/L KH_2PO_4/mL	pH	1/15mol/L Na_2HPO_4/mL	1/15mol/L KH_2PO_4/mL
4.92	0.10	9.90	7.17	7.00	3.00
5.29	0.50	9.50	7.38	8.00	2.00
5.91	1.00	9.00	7.73	9.00	1.00
6.24	2.00	8.00	8.04	9.50	0.50
6.47	3.00	7.00	8.34	9.75	0.25
6.64	4.00	6.00	8.67	9.90	0.10
6.81	5.00	5.00	8.18	10.00	0
6.98	6.00	4.00			

注：$Na_2HPO_4 \cdot 2H_2O$ M_r=178.05，1/15mol/L 溶液为 11.87g/L；$KH_2PO_4 \cdot 2H_2O$ M_r=136.09，1/15mol/L 溶液为 9.078g/L。

8. 磷酸二氢钾-氢氧化钠缓冲液(0.05mol/L)

XmL 0.2mol/L KH_2PO_4+ YmL 0.2mol/L NaOH，加蒸馏水稀释至 20mL。

pH(20℃)	X/mL	Y/mL	pH(20℃)	X/mL	Y/mL
5.8	5	0.372	7.0	5	2.963
6.0	5	0.570	7.2	5	3.500
6.2	5	0.860	7.4	5	3.950
6.4	5	1.260	7.6	5	4.280
6.6	5	1.780	7.8	5	4.520
6.8	5	2.365	8.0	5	4.680

9. 磷酸氢二钠-氢氧化钠缓冲液

50mL 0.05mol/L Na_2HPO_4+ XmL 0.1mol/L NaOH，加水稀释至 100mL。

pH	X/mL	pH	X/mL	pH	X/mL
10.9	3.3	11.3	7.6	11.7	16.2
11.0	4.1	11.4	9.1	11.8	19.4
11.1	5.1	11.5	11.1	11.9	23.0
11.2	6.3	11.6	13.5	12.0	26.9

注：$Na_2HPO_4 \cdot 2H_2O$ M_r=178.05，0.05mol/L 溶液为 8.90g/L；$Na_2HPO_4 \cdot 12H_2O$ M_r=358.22，0.05mol/L 溶液为 17.91g/L。

10. 甘氨酸-盐酸缓冲液(0.05mol/L)

XmL 0.2mol/L 甘氨酸 + YmL 0.2mol/L HCl，加水稀释至 200mL。

pH(20℃)	X/mL	Y/mL	pH(20℃)	X/mL	Y/mL
2.2	50	44.0	3.0	50	11.4
2.4	50	32.4	3.2	50	8.2
2.6	50	24.2	3.4	50	6.4
2.8	50	16.8	3.6	50	5.0

注：甘氨酸 M_r=75.07，0.2mol/L 溶液为 15.01g/L。

11. 甘氨酸–氢氧化钠缓冲液(0.05mol/L)

*X*mL 0.2mol/L 甘氨酸 + *Y*mL 0.2mol/L NaOH，加蒸馏水稀释至200mL。

pH(20℃)	X/mL	Y/mL	pH(20℃)	X/mL	Y/mL
8.6	50	4.0	9.6	50	22.4
8.8	50	6.0	9.8	50	27.2
9.0	50	8.8	10.0	50	32.0
9.2	50	12.0	10.4	50	38.6
9.4	50	16.8	10.6	50	45.5

注：甘氨酸 M_r=75.07，0.2mol/L 溶液为 15.01g/L。

12. 硼酸缓冲液(0.2mol/L 硼酸盐)

pH	0.05mol/L 硼砂/mL	0.2mol/L 硼酸/mL	pH	0.05mol/L 硼砂/mL	0.2mol/L 硼酸/mL
7.4	1.0	9.0	8.2	3.5	6.5
7.6	0.5	8.5	8.4	4.5	5.5
7.8	2.0	8.0	8.7	6.0	4.0
8.0	3.0	7.0	9.0	8.0	2.0

注：硼砂 $Na_2B_4O_7 \cdot 10H_2O$ M_r = 381.43，0.05mol/L 溶液为 19.07g/L；硼酸 M_r = 61.84，0.2mol/L 溶液为 12.37 g/L；硼砂易失去结晶水，必须在带塞的瓶中保存，硼砂溶液也可以用半中和的硼酸溶液代替。

13. 硼砂–氢氧化钠缓冲液(0.05mol/L 硼酸根)

*X*mL 0.05mol/L 硼砂 + *Y*mL 0.2mol/L NaOH，加蒸馏水稀释至200mL。

pH	X/mL	Y/mL	pH	X/mL	Y/mL
9.3	50	0.0	9.8	50	34.0
9.4	50	11.0	10.0	50	43.0
9.6	50	23.0	10.1	50	46.0

14. 巴比妥钠–盐酸缓冲液

pH(18℃)	0.04mol/L 巴比妥钠盐/mL	0.2mol/L HCl/mL	pH(18℃)	0.04mol/L 巴比妥钠盐/mL	0.2mol/L HCl/mL
6.8	100	18.4	8.4	100	5.21
7.0	100	17.8	8.6	100	3.82
7.2	100	16.7	8.8	100	2.52
7.4	100	15.3	9.0	100	1.65
7.6	100	13.4	9.2	100	1.13
7.8	100	11.47	9.4	100	0.70
8.0	100	9.39	9.6	100	0.35
8.2	100	7.21			

注：巴比妥钠盐 M_r=206.2，0.04 mol/L 溶液为 8.25g/L。

15. 氯化钾-氢氧化钠缓冲液

25mL 0.2mol/L KCl + *X*mL 0.2mol/L NaOH，加水稀释至100mL。

pH	X/mL	pH	X/mL	pH	X/mL
12.0	6.0	12.4	16.2	12.8	41.2
12.1	8.0	12.5	20.4	12.9	53.0
12.2	10.2	12.6	25.6	13.0	66.0
12.3	12.8	12.7	32.2		

注：KCl M_r=74.55，0.2mol/L溶液为14.91g/L。

16. Tris-盐酸缓冲液(0.05mol/L)

*X*mL 0.2mol/L 三羟甲基氨基甲烷 + *Y*mL 0.1mol/L HCl，加蒸馏水稀释至100mL。

pH		X/mL	Y/mL	pH		X/mL	Y/mL
18℃	37℃			18℃	37℃		
9.10	8.95	25	5	8.05	7.90	25	27.5
8.92	8.78	25	7.5	7.96	7.82	25	30.0
8.74	7.60	25	10.0	7.87	7.73	25	32.5
8.62	8.48	25	12.5	7.77	7.63	25	35.0
8.50	8.37	25	15.0	7.66	7.52	25	37.5
8.40	8.27	25	17.5	7.54	7.40	25	40.0
8.32	8.18	25	20.0	7.36	7.22	25	42.5
8.23	8.10	25	22.5	7.20	7.05	25	45.0
8.12	8.00	25	25.0				

注：三羟甲基氨基甲烷(Tris) M_r=121.4，0.2mol/L溶液为24.28g/L。

17. 碳酸氢钠-氢氧化钠缓冲液(0.025mol/L $NaHCO_3$)

50mL 0.05mol/L $NaHCO_3$+ *X*mL 0.1mol/L NaOH，加水稀释至100mL。

pH	X/mL	pH	X/mL	pH	X/mL
9.6	5.0	10.1	12.2	10.6	19.1
9.7	6.2	10.2	13.8	10.7	20.2
9.8	7.6	10.3	15.2	10.8	21.2
9.9	9.1	10.4	16.5	10.9	22.0
10.0	10.7	10.5	17.8	11.0	22.7

注：$NaHCO_3$ M_r=84.0，0.05mol/L溶液为4.20g/L。

18. 碳酸钠-碳酸氢钠缓冲液(0.1mol/L)(Ca^{2+}、Mg^{2+}存在时不得使用)

pH		0.1mol/L Na_2CO_3/mL	0.1mol/L $NaHCO_3$/mL	pH		0.1mol/L Na_2CO_3/mL	0.1mol/L $NaHCO_3$/mL
20℃	37℃			20℃	37℃		
9.16	8.77	1	9	10.14	9.90	6	4
9.40	9.12	2	8	10.28	10.08	7	3
9.51	9.40	3	7	10.53	10.28	8	2
9.78	9.50	4	6	10.83	10.57	9	1
9.90	9.72	5	5				

注：$Na_2CO_3\cdot10H_2O$ M_r=286.2，0.1mol/L溶液为28.62g/L；$NaHCO_3$ M_r=84.0，0.1mol/L溶液为8.40g/L。

19. pH 计标准缓冲液的配制

pH 计用的标准缓冲液要求：有较大的稳定性，较小的温度依赖性，其试剂易于提纯。

常用标准缓冲液的配制方法如下：

(1) pH = 4.00(10~20℃)：将邻苯二甲酸氢钾在 105℃干燥 1h 后，称取 5.07g 加重蒸馏水溶解至 500mL。

(2) pH = 6.88(20℃)：称取在 130℃干燥 2h 的 3.40g 磷酸二氢钾(KH_2PO_4)、8.95g 磷酸氢二钠($Na_2HPO_4 \cdot 12H_2O$)或 3.55g 无水磷酸氢二钠(Na_2HPO_4)，加重蒸馏水溶解至 500mL。

(3) pH = 9.18(25℃)：称取 3.814g 四硼酸钠($Na_2B_4O_7 \cdot 10H_2O$)或 2.02g 无水四硼酸钠($Na_2B_4O_7$)，加重蒸馏水溶解至 100mL。

不同温度时标准缓冲液的 pH 值

温度/℃	酸性酒石酸钾（25℃时饱和）	0.05mol/L 邻苯二甲酸氢钾	0.025mol/L 磷酸二氢钾，0.05mol/L 磷酸氢二钠	0.008 7mol/L 磷酸二氢钾，0.030 2mol/L 磷酸氢二钠	0.01mol/L 硼砂
0	—	4.01	6.98	7.53	9.46
10	—	4.00	6.92	7.47	9.33
15	—	4.00	6.90	7.45	9.27
20	—	4.00	6.88	7.43	9.23
25	3.56	4.01	6.86	7.41	9.18
30	3.55	4.02	6.85	7.40	9.14
38	3.55	4.03	6.84	7.38	9.08
40	3.55	4.04	6.84	7.38	9.07
50	3.55	4.06	6.83	7.37	9.01

三、实验室常用酸碱的密度和浓度

名称	分子式	M_r	密度	质量百分浓度/%	物质的量浓度/(mol/L)
盐酸	HCl	36.47	1.19	37.2	12.0
			1.18	35.2	11.3
			1.10	20.0	6.0
硝酸	HNO_3	63.02	1.425	71.0	16.0
			1.4	65.6	14.5
			1.37	61	13.3
硫酸	H_2SO_4	98.1	1.84	95.3	18.0
高氯酸	$HClO_4$	100.5	1.67	70	11.65
			1.54	60	9.2
磷酸	H_3PO_4	80.0	1.70	85	18.1
乙酸	CH_3COOH	60.5	1.05	99.5	17.4
			1.075	80	14.3

(续)

名称	分子式	M_r	密度	质量百分浓度/%	物质的量浓度/(mol/L)
氨水	NH_4OH	30.05	0.904	27	14.3
			0.91	25	13.4
			0.957	10	5.4
氢氧化钠	NaOH	40.0	1.53	50	19.1
			1.11	10	2.75
氢氧化钾	KOH	56.1	1.52	50	13.5
			1.09	10	1.94

四、常用酸碱指示剂

名称	p*K*	pH 值范围	颜色变化		配置方法：称取 0.1g 溶于 250mL 下列溶剂
			酸	碱	
甲酚红(酸)		0.2~1.8	红	黄	水(含 2.62mL 0.1mol/L NaOH)
百里酚蓝(麝香草酚蓝)	1.5	1.2~2.8	红	黄	水(含 2.15mL 0.1mol/L NaOH)
甲基黄	3.25	2.0~4.0	红	黄	95%乙醇
甲基橙	3.46	3.1~4.4	红	橙黄	水(含 3mL 0.1mol/L NaOH)
溴酚蓝	3.85	2.8~4.6	黄	蓝紫	水或 20%乙醇(含 1.49mL 0.1mol/L NaOH)
溴甲基绿(溴甲酚蓝)	4.66	3.8~5.4	黄	蓝	水(含 1.43mL 0.1mol/L NaOH)
甲基红	5.00	4.3~6.1	红	黄	60%乙醇
氯酚红	6.05	4.8~6.4	黄	紫红	水(含 2.36mL 0.1mol/L NaOH)
溴甲酚紫	6.12	5.2~6.8	黄	红紫	水或 20%乙醇(含 1.85mL 0.1mol/L NaOH)
石蕊		5.0~ 8.9	红	蓝	水
酚红	7.81	6.8~8.4	黄	红	水(含 2.82mL 0.1mol/L NaOH)
中性红	7.4	6.8~8.0	红	橙棕	70%乙醇
酚酞	9.70	8.3~10.0	无色	粉红	70%乙醇

五、常用凝胶过滤层析介质

(一)

凝胶过滤介质名称	分离范围	颗粒大小/μm	特征/应用	pH 稳定性工作(清洗)	耐压/MPa	最快流速/(cm/h)
Superdex 30 prep grade	<10 000	24~44	肽类、寡糖、小蛋白质等	3~12 (1~14)	0.3	100
Superdex 75 prep grade	3 000~70 000	24~44	重组蛋白、细胞色素	3~12 (1~14)	0.3	100
Superdex 200 prep grade	10 000~600 000	24~44	单抗、大蛋白质	3~12 (1~14)	0.3	100

（续）

凝胶过滤介质名称	分离范围	颗粒大小/μm	特征/应用	pH稳定性工作（清洗）	耐压/MPa	最快流速/(cm/h)
Superose 6 prep grade	5 000~5×10^6	20~40	蛋白质、肽类、寡糖、核酸	3~12 (1~14)	0.4	30
Superose 12 prep grade	1 000~300 000	20~40	蛋白质、肽类、寡糖、多糖	3~12 (1~14)	0.7	30
Sephacryl S-200 HR	5 000~250 000	25~75	蛋白质，如小血清蛋白：清蛋白	3~11 (2~13)	0.2	20~39
Sephacryl S-300 HR	10 000~1.5×10^6	25~75	蛋白质，如膜蛋白和血清蛋白：抗体	3~11 (2~13)	0.2	20~39
Sephacryl S-400 HR	20 000~8×10^6	25~75	多糖、具延伸结构的大分子(如蛋白多糖)、脂质体	3~11 (2~13)	0.2	20~39
Sephacryl S-500 HR	葡聚糖 40 000~2×10^7 DNA<1 078bp	25~75	大分子(如DNA限制片段)	3~11 (2~13)	0.2	20~39
Sephacryl S-1 000 SF	葡聚糖 5×10^5~1×10^8 DNA<20 000bp	40~105	DNA、巨大多糖、蛋白多糖、小颗粒(如膜结合囊或病毒)	3~11 (2~13)	未经测试	40
Sepharose 6 Fast Flow	10 000~4×10^6	平均 90	巨大分子	2~12 (2~14)	0.1	300
Sepharose 4 Fast Flow	60 000~2×10^7	平均 90	巨大分子(如重组乙型肝炎表面抗原)	2~12 (2~14)	0.1	250
Sepharose 2B	70 000~4×10^7	60~200	蛋白质、大分子复合物、病毒、不对称分子(如核酸和多糖)	4~9 (4~9)	0.004	10
Sepharose 4B	60 000~2×10^7	45~165	蛋白质、多糖	4~9 (4~9)	0.008	11.5
Sepharose 6B	10 000~4×10^6	45~165	蛋白质、多糖	4~9 (4~9)	0.02	14
Sepharose CL-2B	70 000~4×10^7	60~200	蛋白质、大分子复合物、病毒、不对称分子(如核酸和多糖)	3~13 (2~14)	0.005	15
Sepharose CL-4B	60 000~2×10^7	45~165	蛋白质、多糖	3~13 (2~14)	0.012	26
Sepharose CL-6B	10 000~4×10^6	45~165	蛋白质、多糖	3~13 (2~14)	0.02	30

(二)

凝胶过滤介质名称	分离范围	颗粒大小/μm	特征/应用	pH稳定性工作(清洗)	溶胀体积/(mg/g凝胶)	溶胀最少平衡时间/h		最快流速/(cm/h)
						室温	沸水浴	
Sephadex G-10	<700	干粉 40~120		2~13 (2~13)	2~3	3	1	2~5
Sephadex G-15	<1 500	干粉 40~120		2~13 (2~13)	2.5~3.5	3	1	2~5
Sephadex G-25 Coarse	1 000~5 000	干粉 100~300	工业上去盐及交换缓冲液用	2~13 (2~13)	4~6	6	2	2~5
Sephadex G-25 Medium	1 000~5 000	干粉 50~100	工业上去盐及交换缓冲液用	2~13 (2~13)	4~6	6	2	2~5
Sephadex G-25 Fine	1 000~5 000	干粉 20~80	工业上去盐及交换缓冲液用	2~13 (2~13)	4~6	6	2	2~5
Sephadex G-25 Superfine	1 000~5 000	干粉 10~40	工业上去盐及交换缓冲液用	2~13 (2~13)	4~6	6	2	2~5
Sephadex G-50 Coarse	1 500~30 000	干粉 100~300	一般小分子蛋白质分离	2~10 (2~13)	9~11	6	2	2~5
Sephadex G-50 Medium	1 500~30 000	干粉 50~150	一般小分子蛋白质分离	2~10 (2~13)	9~11	6	2	2~5
Sephadex G-50 Fine	1 500~30 000	干粉 20~80	一般小分子蛋白质分离	2~10 (2~13)	9~11	6	2	2~5
Sephadex G-50 Superfine	1 500~30 000	干粉 10~40	一般小分子蛋白质分离	2~10 (2~13)	9~11	6	2	2~5
Sephadex G-75	3 000~80 000	干粉 40~120	中等蛋白质分离	2~10 (2~13)	12~15	24	3	72
Sephadex G-75 Superfine	3 000~70 000	干粉 10~40	中等蛋白质分离	2~10 (2~13)	12~15	24	3	16
Sephadex G-100 Superfine	3 000~70 000	干粉 40~120	中等蛋白质分离	2~10 (2~13)	15~20	48	5	47
Sephadex G-100	$4\ 000 \sim 1\times10^5$	干粉 10~40	中等蛋白质分离	2~10 (2~13)	15~20	48	5	11
Sephadex G-150	$5\ 000 \sim 3\times10^5$	干粉 40~120	稍大蛋白质分离	2~10 (2~13)	20~30	72	5	21

（续）

凝胶过滤介质名称	分离范围	颗粒大小/μm	特征/应用	pH稳定性工作（清洗）	溶胀体积/（mg/g凝胶）	溶胀最少平衡时间/h		最快流速/（cm/h）
						室温	沸水浴	
Sephadex G-150 Superfine	5 000～1.5×10^5	干粉 10～40	稍大蛋白质分离	2～10（2～13）	18～22	72	5	5.6
Sephadex G-200	5 000～6×10^5	干粉 40～120	较大蛋白质分离	2～10（2～13）	30～40	72	5	11
Sephadex G-200 Superfine	5 000～6×10^5	干粉 10～40	较大蛋白质分离	2～10（2～13）	20～25	72	5	2.8
嗜脂性 Sephadex LH 20	100～4 000	干粉 25～100	特别为使用有机溶剂而设计，适合分离脂类、胆固醇、脂肪酸、激素、维生素及其他小生物分子，此分离范围指以乙醇为溶剂的分离					

六、硫酸铵饱和度的常用表

1. 调整硫酸铵溶液饱和度的计算表（25℃）

硫酸铵初浓度，饱和度/%	硫酸铵终浓度，饱和度/%																
	10	20	25	30	33	35	40	45	50	55	60	65	70	75	80	90	100
	每升溶液加固体硫酸铵的克数*																
0	56	114	144	176	196	209	243	277	313	351	390	430	472	516	561	662	767
10		57	86	118	137	150	183	216	251	288	326	365	406	449	494	592	694
20			29	59	78	91	123	155	189	225	262	300	340	382	424	520	619
25				30	49	61	93	125	158	193	230	267	307	348	390	485	583
30					19	30	62	94	127	162	198	235	273	314	356	449	546
33						12	43	74	107	142	177	214	252	292	333	426	522
35							31	63	94	129	164	200	238	278	319	411	506
40								31	63	97	132	168	205	245	285	375	469
45									32	65	99	134	171	210	250	339	431
50										33	66	101	137	176	214	302	392
55											33	67	103	141	179	264	353
60												34	69	105	143	227	314
65													34	70	107	190	275
70														35	72	153	237
75															36	115	198
80																77	157
90																	79

注：* 在25℃下，硫酸铵溶液由初浓度调到终浓度时，每升溶液所加固体硫酸铵的克数。

2. 调整硫酸铵溶液饱和度的计算表(0℃)

硫酸铵初浓度，饱和度/%	硫酸铵终浓度，饱和度/%																
	20	25	30	35	40	45	50	55	60	65	70	75	80	85	90	95	100
	每100mL溶液加固体硫酸铵的克数*																
0	10.6	13.4	16.4	19.4	22.6	25.8	29.1	32.6	36.1	39.8	43.6	47.6	51.6	55.9	60.3	65.0	69.7
5	7.9	10.8	13.7	16.6	19.7	22.9	26.2	29.6	33.1	36.8	40.5	44.4	48.4	52.6	57.0	61.5	66.2
10	5.3	8.1	10.9	13.9	16.9	20.0	23.3	26.6	30.1	33.7	37.4	41.2	45.2	49.3	53.6	58.1	62.7
15	2.6	5.4	8.2	11.1	14.1	17.2	20.4	23.7	27.1	30.6	34.3	38.1	42.0	46.0	50.3	54.7	59.2
20	0	2.7	5.5	8.3	11.3	14.3	17.5	20.7	24.1	27.6	31.2	34.9	38.7	42.7	46.9	51.2	55.7
25		0	2.7	5.6	8.4	11.5	14.6	17.9	21.1	24.5	28.0	31.7	35.5	39.5	43.6	47.8	52.2
30			0	2.8	5.6	8.6	11.7	14.8	18.1	21.4	24.9	28.5	32.3	36.2	40.2	44.5	48.8
35				0	2.8	5.7	8.7	11.8	15.1	18.4	21.8	25.4	29.1	32.9	36.9	41.0	45.3
40					0	2.9	5.8	8.9	12.0	15.3	18.7	22.2	25.8	29.6	33.5	37.6	41.8
45						0	2.9	5.9	9.0	12.3	15.6	19.0	22.6	26.3	30.2	34.2	38.3
50							0	3.0	6.0	9.2	12.5	15.9	19.4	23.0	26.8	30.8	34.8
55								0	3.0	6.1	9.3	12.7	16.1	19.7	23.5	27.3	31.3
60									0	3.1	6.2	9.5	12.9	16.4	20.1	23.1	27.9
65										0	3.1	6.3	9.7	13.2	16.8	20.5	24.4
70											0	3.2	6.5	9.9	13.4	17.1	20.9
75												0	3.2	6.6	10.1	13.7	17.4
80													0	3.3	6.7	10.3	13.9
85														0	3.4	6.8	10.5
90															0	3.4	7.0
95																0	3.5
100																	0

注：* 在0℃下，硫酸铵溶液由初浓度调到终浓度时，每100mL溶液所加固体硫酸铵的克数。

3. 不同温度下的饱和硫酸铵溶液

温度/℃	0	10	20	25	30
每1 000g水中含硫酸铵摩尔数	5.35	5.53	5.73	5.82	5.91
质量百分数/%	41.42	42.22	43.09	43.47	43.85
1 000mL水用硫酸铵饱和所需克数	706.8	730.5	755.8	766.8	777.5
每升饱和溶液含硫酸铵克数	514.8	525.2	536.5	541.2	545.9
饱和溶液物质的量浓度/(mol/L)	3.90	3.97	4.06	4.10	4.13